Coleção Vértice
122

A EVOLUÇÃO

Para quem tem fé e outros céticos

FRANCISCO JAVIER NOVO

A EVOLUÇÃO
Para quem tem fé e outros céticos

Tradução
Silvia Massimini Félix

QUADRANTE

São Paulo
2020

Título original
Evolución: para creyentes y otros escépticos

Copyright © 2020, Ediciones Rialp

Capa
Bruno Ortega

Dados Internacionais de Catalogação na Publicação (CIP)
(Câmara Brasileira do Livro, SP, Brasil)

Novo, Francisco Javier

A evolução: para quem crê e outros céticos / Francisco Javier Novo; tradução de Silvia Massimini Félix. – São Paulo : Quadrante, 2020.

Título original: Evolución: para creyentes y otros escépticos
ISBN: 978-85-54991-45-6

1. Darwinismo social 2. Doutrina cristã 3. Fé (Cristianismo) 4. Evolução (Biologia) - Aspectos religiosos - Cristianismo 5. Evolucionismo - Aspectos religiosos - Cristianismo 6. Fé 7. Razão I. Título

20-35890   CDD 231.7652

Índice para catálogo sistemático:
1. Evolução : Crença : Religião 231.7652

Maria Alice Ferreira - Bibliotecária - CRB-8/7964

Todos os direitos reservados a
QUADRANTE EDITORA
Rua Bernardo da Veiga, 47 - Tel.: 3873-2270
CEP 01252-020 - São Paulo - SP
www.quadrante.com.br / atendimento@quadrante.com.br

Sumário

«O Vaticano não aceita a evolução» 11

A evolução não funciona assim 21

A evolução funciona assim.. 29

Os solavancos inesperados do início da evolução 39

A evolução dá saltos... 51

Evolução em grande escala... 61

A piada da evolução.. 73

A evolução da mente.. 85

O fenômeno humano... 99

Evolução, Deus e acaso 113

Aos habitantes de Elmore, pelo maravilhoso mês de junho londrino no qual este livro viu a luz.

Este é um livro simples, acessível a qualquer leitor que esteja interessado nas relações entre a teoria da evolução e a doutrina cristã da Criação, ainda que não tenha conhecimentos muito profundos a respeito de nenhum desses campos. Por ser fruto de anos e mais anos de leituras, conversas e reflexões, seria impossível incluir as referências bibliográficas de todas as fontes que usei (o que, além disso, faria aumentar o número de páginas da obra e diminuir a paciência do editor). Isso me obriga a pedir desculpas aos autores cujas ideias e escritos utilizei sem reconhecê-los nas notas de rodapé. Em todo caso, alguns dos pensadores que mais me influenciaram são mencionados expressamente no texto.

«O Vaticano não aceita a evolução»

Ainda recordo como fiquei impressionado quando li o título de um artigo publicado há alguns anos por um conhecido blogueiro dos Estados Unidos: «Por que o Vaticano aceita o Big Bang, mas não a evolução». Para alguns, esse pode parecer um título impactante, como a mim mesmo pareceu à época; para outros, não passa do típico título provocador cuja finalidade é atrair a atenção ou causar controvérsia. Muitos pensarão que não corresponde à realidade: todos sabem que a Igreja Católica nunca condenou oficialmente a evolução. O próprio João Paulo II escreveu que os progressos das últimas décadas mostram claramente que se trata de algo mais que uma «teoria», e tanto Bento XVI como Francisco se pronunciaram depois em termos parecidos...

Contudo, sempre que falo com os fiéis sobre o tema da «evolução», percebo a sombra da dúvida, certa reticência em aceitar o fato da evolução da vida e do ser humano com *todas* as suas consequências. Muitas vezes, pude constatar a estratégia quase irresistível de apontar certos momentos da história do cosmos que a evolução supostamente *não consegue explicar*: o aparecimento do ser vivo, o fenômeno do homem... É como se esses «vazios» constituíssem o único respaldo à ideia de um Deus que atua verdadeiramente no mundo.

O problema se acentua no caso dos católicos *simples*, dessas gerações de fiéis para os quais aceitar *de fato* a evolução é incompatível com a ação divina no cosmos tal como eles a entendem. O mais preocupante é que nem sequer os próprios envolvidos têm consciência disso. Ao longo dos últimos meses, boa parte dos fiéis católicos aos quais eu explicava minha intenção de escrever esta obra me dizia: «Mas isso não é necessário! Eu sou católico e acredito na evolução». Com raríssimas exceções, depois de uns minutos de conversa, chegávamos invariavelmente à conclusão de que, na verdade, eles aceitavam uma ideia mais ou menos vaga da evolução biológica, aferrando-se ao mesmo tempo à ideia de que se trata de uma «simples» teoria ainda a ser demonstrada, com muitas limitações ou *vazios*, sobretudo no que se refere à evolução humana. Ou seja, essa gente não a aceitava *de verdade*.

Em muitos casos, a situação é bem mais grave. Há anos venho ministrando conferências e palestras, participando de congressos e colóquios sobre evolução, falando a grupos variados. Isso me permitiu presenciar situações totalmente inesperadas e – ao menos para mim – dolorosas. Lembro-me de um casal de meia-idade que, após uma conferência minha sobre a evolução, passou ao meu lado na saída do Planetário de Pamplona e declarou: «Então o que a Bíblia fala não é verdade...». Ou ainda de uma outra senhora, professora universitária aposentada, que pegou o microfone na rodada de perguntas e me alfinetou: «Se o que o senhor nos disse for verdade, tudo o que nos ensinaram sobre Jesus Cristo é mentira». Isso me deixou perplexo, pois na verdade eu estivera falando sobre como os genes mudam ao longo do tempo e tornam o fenômeno evolutivo possível. Aquilo nada tinha a ver com a Bíblia, quanto mais com a existência histórica de Jesus e seus ensinamentos. Era para mim dificílimo entendê-lo... Obviamente, algo estava me escapando. «Não é possível», dizia para mim mesmo, «que os católicos daqui sejam como os criacionistas americanos, que interpretam o Gênesis literalmente».

No entanto, minha experiência ao longo dos anos me convenceu de que a catequese sobre a Criação, tal como vem sendo ensinada durante décadas, gera um clima pouco favorável à aceitação – sem temor e com todas as suas consequências – do processo evolutivo. Dou como exemplo a inquietação de um universitário que me procurou preocupado depois de uma conferência em sua faculdade. «Eu imaginava», disse-me, «que, na Criação, Deus foi fazendo as montanhas, os rios e tudo o mais... Parece que não ocorreu assim, porém». Pelo visto, o professor de religião de seu colégio católico não fora capaz de transmitir uma visão mais matizada da ação criadora de Deus. Respondi-lhe que, de fato, as coisas não se tinham dado assim e que era muito importante que ele, então com dezoito anos, tirasse da cabeça o quanto antes essa ideia, substituindo-a por outra um pouco mais elaborada; do contrário, sua fé correria um sério risco. Não voltei a vê-lo, mas espero que tenha seguido meu conselho.

O problema se torna mais grave quando se trata do surgimento do fenômeno humano. Não nos enganemos: é relativamente *fácil* aceitar que as montanhas, os rios, os peixes ou as borboletas apareceram graças a mecanismos puramente naturais, compatíveis com as belas imagens utilizadas na narrativa do Gênesis sobre o poder do Criador. Pouquíssima gente se preocupa com a transição dos répteis aos mamíferos, ou ao menos não vê nisso grande ameaça a seus valores e crenças mais profundos. Porém, ao se deparar com o «inspirou-lhe o sopro da vida» com o qual o texto bíblico descreve o surgimento do ser humano, a explicação quase ineludível é a de que Deus criou *algo* (uma alma humana) que – naquele exato instante – foi «soprado» em outro *algo* (um macaco, talvez, ou outro primata que ainda não era homem de fato). Para a imensa maioria dos católicos comuns, aceitar que isso não aconteceu *exatamente* assim equivaleria a dizer que Deus não teve intervenção *nenhuma* no surgimento do ser humano.

E este é o núcleo fundamental do problema: na cabeça dessas pessoas, se o surgimento do ser humano neste planeta não foi assim, *tudo* se reduz a mecanismos biológicos regidos pelo acaso. Essa é, infelizmente, a única alternativa que se apresenta a elas. A grande ameaça da evolução, para o cristianismo, está em que tornaria possível um universo sem propósito nem sentido, dando lugar a uma imagem do mundo – uma *cosmovisão* – que nega o significado da espécie humana e na qual a bondade, o amor, a justiça ou a arte são meros fenômenos naturais, artefatos de uma seleção natural inexorável, cega e impiedosa. Portanto – continua esse raciocínio –, a evolução, tal como nos é apresentada, não pode ser verdadeira, uma vez que não explica profundamente o que significa ser humano.

Por sorte, não sou o único que pensa ser urgente explicar essas questões de uma maneira nova, mais alinhada aos progressos da ciência atual. No prólogo de seu livro *Criação e pecado*, que reúne uma série de homilias sobre o tema pronunciadas quando ainda era arcebispo de Munique, o Cardeal Ratzinger expressa a silenciosa esperança de um cristianismo renovado, capaz de oferecer alternativa à insolúvel situação em que parece se encontrar. Porém, afirma ele, uma tal alternativa «só pode ser elaborada se a doutrina da criação for desenvolvida novamente. Isso deveria ser tido, portanto, como *um dos compromissos mais urgentes da teologia atual*» (grifo meu).

Com a sagacidade de costume, o futuro Papa Bento XVI descreveu a situação com a qual se depara o fiel que deve coordenar o relato do Gênesis com os avanços da biologia evolutiva. Em geral, costuma-se dizer ao fiel que o relato bíblico da Criação não quer senão transmitir uma ideia: a de que Deus criou o Universo. O cardeal prossegue:

> Acredito que essa interpretação está correta, mas não é suficiente. Pois, se nos foi dito que temos de distinguir entre as imagens e o conceito, poderíamos então replicar: por que não nos disseram isso antes? Talvez essa explicação não seja mais que um truque da Igreja e dos teólogos que, na verdade, se viram sem argumentos. Dessas interpretações pouco seguras, e hoje em voga, da palavra bíblica, e que mais parecem um pretexto do que uma interpretação, surge esse cristianismo doente, que no fundo já não está tão seguro de si mesmo e, por isso, não pode irradiar valor nem entusiasmo. Antes, dá a impressão de ser uma associação que continua falando, embora já não tenha propriamente nada a dizer, pois as palavras rebuscadas não se propõem a convencer, mas apenas a esconder sua deficiência.

Lamentavelmente, progrediu-se pouco, não obstante esse devesse ser «um dos compromissos mais urgentes da teologia atual». Em 1992, alguns anos depois dessas homilias, veio à luz o *Catecismo da Igreja Católica*. Nessa monumental obra de explicação da fé, a *questão da evolução* não é mencionada sequer uma vez. Quando percorremos o índice onomástico, surpreendemo-nos com o fato de o verbete brilhar por sua ausência, embora apareçam outros como «cigarro». Claramente, ainda há um longo caminho a ser percorrido.

O mesmo Joseph Ratzinger, em ensaio de 2005 intitulado «A fé na criação e a teoria da evolução», apresenta com grande lucidez uma proposta para a resolução do problema. Ele explica, em primeiro lugar, o caminho que levou a fé cristã na Criação a se associar a uma cosmovisão específica, qual seja: uma imagem estática do mundo na qual Deus criava diretamente cada espécie. Esse modo de pensar, que predominou durante séculos, ainda hoje leva muitos fiéis a quererem «ver» a ação direta de Deus em alguma mudança bioquímica ou genética improvável, ou ainda no repentino aparecimento de uma alma espiritual; se não for assim, parece que toda a sua tarefa desmorona e cai por terra. Mas realmente tem de ser desse jeito? É possível aceitar a ideia da evolução com *todas* as suas consequências e, ao mesmo tempo, dar lugar a um Deus Criador?

Estou certo de que sim, e o objetivo deste livro é mostrar um possível caminho para chegarmos a isso. Ademais, creio que essa tarefa será absolutamente necessária se quisermos erradicar esse cristianismo doente ao qual se referia Ratzinger. Se não o fizermos, o próprio conceito de Deus se empobrecerá enormemente: Ele não será nada mais do que um grande mago que pode tirar qualquer truque da cartola, ocupado em insuflar vida – ou *almas* – em certos momentos da história natural, ou mesmo em consertar algo que havia saído de seu controle. Esse é o deus do *criacionismo* ou daquilo que se chama *design inteligente*: um deus que só pode agir como um engenheiro, isto é, desenhando, construindo e encaixando peças.

Uma vez que essa visão não é sustentável, o Cardeal Ratzinger se pergunta, no mesmo ensaio, como seria possível conservar a fé na Criação adotando ao mesmo tempo a imagem do mundo apresentada pela teoria evolutiva. De acordo com essa cosmovisão moderna, diz o teólogo alemão, «o ser é entendido de forma dinâmica, como ser em movimento»; não se fecha em si mesmo, mas explora; avança não de modo retilíneo, mas dando voltas. Para conciliar isso com a fé na Criação, a pergunta fundamental a que temos de responder é se todo esse processo tem algum sentido, algum significado.

Vários ateus, entre eles Steven Weinberg, vencedor do Prêmio Nobel de Física, afirmam que a ciência revela a falta de propósito ou sentido nas leis que governam o universo: «Quanto mais estudamos o universo, menos sentido encontramos nele». Esse ponto é crucial porque, se assim for, a imagem científica do mundo é realmente incompatível com a fé na Criação. Todavia, o conhecimento dos mecanismos evolutivos, por mais detalhado que seja, nunca nos dirá nada acerca do sentido ou do significado que eles têm; trata-se de uma questão totalmente alheia à própria metodologia científica. De fato, por que a ciência deveria encontrar algum sentido? Uma experiência elaborada para que o cosmos «faça sentido», ou um artigo científico que, na seção de resultados, mostrasse provas de ter «encontrado sentido», muito provavelmente não passariam de pseudociência. Não está entre os objetivos da ciência experimental encontrar o possível sentido, propósito ou significado dos processos naturais.

A questão última, portanto, seria: qual é o verdadeiro fundamento da fé de quem crê na Criação? Qual é o *conteúdo essencial* dessa fé? Ao contrário da visão tantas vezes ridicularizada por ateus notáveis (e infelizmente assumida por muitos fiéis), a essência da fé não está em acreditar num conjunto de dogmas mais ou menos compreensíveis ou obscuros. Creio que uma resposta muito acertada é a formulada pelo filósofo Robert Spaemann: o principal *salto* de fé que determina o sentimento vital do fiel é «a consciência de não ser um grão de pó indiferente num todo cego e sem sentido, mas um ser de significado infinito porque tem significado para Deus». Nessa linha, e no mesmo ensaio já mencionado, Ratzinger declara algo assaz importante: «A fé na Criação não nos revela qual é o sentido do mundo, mas simplesmente que o mundo tem sentido». E ele conclui afirmando que crer na Criação não é nada mais do que entender esse mundo em formação apresentado pela ciência como um mundo repleto de significado, uma vez que procede de uma mente criadora.

Este é o ponto inicial, o que realmente exige fé: a *convicção* de que – apesar da aparente falta de sentido dos processos naturais e do deficiente uso da liberdade que nós homens fazemos – tudo se insere numa narrativa, num relato, numa história de amor que ora se desdobra e cujo significado derradeiro o fiel não pode alcançar, embora tenha a esperança de que algum dia se torne manifesto. Um dia, o que hoje se apresenta como um mar sem sentido e salpicado de pequenas ilhas de compreensão se revelará como um imenso oceano de significado.

Uma vez firmes nessa convicção, torna-se completamente irrelevante (ou mesmo «irreverente») insistir em que apenas Deus pôde ter juntado as moléculas orgânicas para formar a primeira célula ou ter tocado um circuito neuronal no cérebro de um hominídeo a fim de que ele começasse a falar. Se a ação divina está realmente em outro nível, em outro plano (o plano que corresponderia ao autêntico Deus, e não a um grande engenheiro usando trajes de mago), é inútil buscar os «rastros» de sua atuação em certas mudanças físicas ou biológicas que a ciência não pode explicar adequadamente. Deus não se encontra nos lugares escuros ou naqueles pontos a que ainda não chegou a luz da explicação científica; na realidade, esses provavelmente são os piores lugares onde procurá-lo. Se Deus é real, está dando sentido, significado e propósito a tudo o que foi, é e será.

Essa é, portanto, a justificativa para este livro. Definitivamente, ele não é mais do que um apelo aos fiéis para que construam uma fé mais sólida e, ao mesmo tempo, se tornem menos céticos acerca dos mecanismos evolutivos. No entanto, é importante que a ordem seja precisamente esta: quando o primeiro fator – a fé num Deus que dá sentido a tudo – é firme, o estudo dos processos naturais que desembocaram no aparecimento de «formas cada vez mais belas e maravilhosas» se converte numa grande fonte de inspiração e perplexidade, como tentarei refletir nas páginas seguintes; por outro lado, se a principal razão para acreditar em Deus é a de que não há outro modo de explicar determinado momento da evolução do cosmos, deve-se voltar ao ponto de partida e começar de novo.

A maneira como habitualmente se apresenta a teoria da evolução aos leigos parece não deixar alternativa além da «cega e impiedosa indiferença» da qual fala Richard Dawkins. Como veremos ao longo destas páginas, essa visão é uma caricatura falha do processo evolutivo. Os céticos (não da evolução, mas da existência de um Deus que confere sentido a tudo) com frequência pecam por sua excessiva crença nos poderes quase divinos dos mecanismos da evolução. O grande pensador inglês G. K. Chesterton escreveu que muitas vezes se surpreendia com que «os ateus não sejam mais ateus», e isso poderia ser aplicado a muitas das explicações um tanto simplistas que circulam acerca do funcionamento da evolução. Dedicarei boa parte deste livro a mostrar o que há de errado nessas explicações e como alguns dos postulados do que se chamou *neodarwinismo* foram superados pelos progressos mais recentes da área.

Foram muitas as vezes em que questionei como poderia ter ajudado aquele casal, aquela professora aposentada e aquele estudante que viram sua fé ameaçada depois de me ouvirem explicar apaixonadamente o processo evolutivo. Este livro é a resposta. Se Chesterton pedia aos ateus que fossem mais ateus, nesta obra pedirei aos fiéis que não tenham medo de crer de verdade. Minha principal mensagem para aquele casal, para a aposentada, para o jovem e para tantos outros na mesma situação é: voltem a pensar sua fé com a convicção (quando não há prova alguma: daí a fé) de que todo o cosmos tem sentido, uma vez que corresponde a uma ideia amorosa. E essa ideia só pode se desdobrar num universo em desenvolvimento, em que o próprio processo evolutivo torna o desdobramento possível.

O primeiro passo para isso, é claro, consiste em entender *bem* o que é – e o que *não* é – a evolução. Poder-se-ia pensar que praticamente todos têm uma boa noção do que são e de como funcionam os mecanismos responsáveis pelo processo evolutivo. Surpreendentemente, porém, a realidade é outra.

A evolução não funciona assim

Os céticos quanto à evolução costumam lançar uma pergunta com a qual creem deixar em apuros todo e qualquer defensor dos processos evolutivos. Como sói acontecer, a objeção se refere à evolução humana, embora pudesse muito bem se aplicar ao aparecimento de outra espécie qualquer. «Se os homens são resultado da evolução dos macacos», dizem, «por que os macacos continuam a existir?».

A ideia tem certo atrativo. Afinal, se alguns chimpanzés de fato deram o *salto* que os tornou humanos, o resto dos chimpanzés deveria ter seguido – mais cedo ou mais tarde – o mesmo caminho. De modo mais genérico, a questão poderia ser formulada desta forma: «Se o consenso evolutivo afirma que há milhões de anos as bactérias evoluíram para células mais complexas, e que depois essas células evoluíram e se converteram em plantas e animais multicelulares, que por sua vez viraram peixes, que viraram então animais terrestres, por que continuam existindo bactérias, esponjas, medusas, girinos e peixes?».

Esse parece ser um raciocínio um tanto absurdo, pois é evidente que evolução não significa que todos os indivíduos de uma espécie devam se transformar *de repente* em outra; as coisas não ocorrem assim. Todavia, como é de costume, no caso da evolução humana o argumento adquire um significado especial. Evolução não quer dizer que todos os indivíduos de uma espécie estão se transformando constantemente a fim de alcançar o estágio evolutivo «seguinte». Com efeito, é impossível saber com antecedência qual é esse suposto marco ao qual é preciso se dirigir. Para entender isso, é muito melhor falar em «populações» de indivíduos do que de espécies, embora aqui eu vá empregar ambos os termos sem distinção. O que geralmente acontece – e isso está mais do que demonstrado por observações empíricas – é que, em alguns membros de uma grande população, surge uma mudança que lhes permite se adaptar melhor às condições ambientais em que vivem (em que vivem esses indivíduos em particular, e não o restante dos membros). Darei um exemplo com pássaros, embora pudesse muito bem recorrer a peixes, borboletas ou chimpanzés.

Imaginemos uma grande população de pássaros de determinada espécie, formada por milhares de indivíduos e cujo habitat se estende por um bosque de alguns quilômetros quadrados. Talvez numa das extremidades do bosque, onde ele começa a se converter em prado, as condições ambientais sejam bastante diferentes daquelas do interior, de maneira que as estratégias de alimentação ou de sobrevivência (pela presença de predadores específicos dessa zona, por exemplo) levam os pássaros que ali vivem a desenvolver características um tanto distintas daquelas dos demais. Se essas condições se mantiverem por gerações, talvez (não há por que ser *necessariamente* assim) os pássaros que vivem naquela periferia (nem sequer precisam ser todos, mas apenas os que mostrarem algumas características concretas) mudem o bastante para constituir nova espécie. É claro que os pássaros do interior do bosque não fazem ideia do que está acontecendo a quilômetros de distância e não têm nenhuma necessidade de mudar, uma vez que seu estilo de vida funciona bem no habitat que ocupam.

Parece-me especialmente importante, pois, demover do leitor a ideia de que a evolução acarreta o necessário *avanço* de uma população inteira rumo a não se sabe bem o quê. Deve-se entender que provavelmente outros pássaros desse mesmo bosque podem estar sofrendo um processo semelhante ao descrito: em outra extremidade, ou mesmo numa clareira qualquer, outras populações talvez sejam submetidas a outras pressões (a distintas fontes de alimento, a predadores diferentes) e, portanto, estejam mudando em sentido distinto. No fundo, o que existe é uma grande população de pássaros formada por subpopulações que sofrem um fluxo de mudanças que podem ser mais lentas ou mais rápidas em função de diversos fatores. Em alguns casos, as mudanças na plumagem, no canto, em algum cheiro ou em outro traço serão tão acentuados que os membros dessa subpopulação não reconhecerão seus antigos congêneres como «um deles». Nesse momento, os zoólogos talvez deem um novo nome para tais aves, embora elas não estejam cientes, é claro, de ter se convertido numa espécie nova.

Junto à equivocada ideia de uma transformação repentina que faria uma espécie converter-se em outra sem deixar rastros da espécie anterior, outro dos grandes mal-entendidos acerca dos processos evolutivos diz respeito ao modo como essas mudanças se originam. Surpreende-me muito a quantidade de pessoas que ainda acredita que a evolução funciona tal como a descreveu Jean-Baptiste Lamarck no início do século XIX: um organismo *percebe* certa mudança ambiental e responde do modo «esperado», da forma «correta», levando essa mudança diretamente à sua descendência. O exemplo que se costuma dar é o das girafas: quando as folhas que constituem seu alimento acabam e só restam as mais altas, o único modo de sobreviver é esticando o pescoço; com o tempo, esse esforço faz que o pescoço dessa população de girafas se estenda e – *evidentemente* – a seguinte geração de girafas nasça com o pescoço mais longo que o de seus progenitores. É bonito, limpo, eficaz... e, sobretudo, rápido: por isso é tão atrativo.

Infelizmente, porém, essa é uma ideia de todo equivocada. O *lamarckismo* é falso, mas não porque sugere certa influência do ambiente sobre a evolução dos caracteres (influência que é real), e sim porque, no fundo, parte do princípio de que a variação é *dirigida*: se a única solução é ter o pescoço mais longo, nessa população aparecerão, como por magia, variantes genéticas que fazem o comprimento do pescoço aumentar.

A realidade é muito diferente. Anos depois de Lamarck, Charles Darwin e Alfred Wallace propuseram outra teoria que explicava as mudanças evolutivas de maneira totalmente diversa, uma vez que se baseava na seleção de *variações que já estavam presentes* na população antes que se desse alguma necessidade de possuí-las, isto é, antes que fossem *úteis*. A diferença não poderia ser mais radical: o ponto de partida passou a ser a existência de inúmeras variantes numa mesma população, o que é evidente quando observamos qualquer espécie de animal, planta ou ser vivo em geral. Se as condições ambientais mudam, é possível selecionar – dentre essas variações já presentes – aquelas que sejam mais eficazes para mudar os rumos. Como é óbvio, essas variantes teriam de passar também às gerações seguintes, mas nesse caso não há problema algum porque já estariam presentes antes (não tiveram de ser «inventadas» de repente) e já teriam sido transmitidas durante muitas gerações. Por outro lado, algumas variações deixarão de ser transmitidas porque os indivíduos que as possuem não terão se adaptado bem às novas condições ambientais e terão morrido. Deste modo, com o passar do tempo, a proporção de indivíduos da população com determinadas variantes (as vantajosas) aumentará consideravelmente, em detrimento dos indivíduos com as variantes menos benéficas. Essa é, em poucas palavras, a teoria da seleção natural.

A seleção natural explica muito bem mudanças simples – por exemplo, a cor das asas de uma borboleta, que assim passa despercebida aos pássaros que a comem. Qualquer um consegue aceitar uma evolução nesse nível. Porém, o que dizer da *macroevolução*, da conversão de um braço numa asa, por exemplo? Ou de um macaco em humano? Como explicamos *isso*?

Outra ideia equivocada a respeito da evolução é a de que ela sempre funciona de maneira gradual, inexorável, à base de pequenas mudanças que pouco a pouco vão levando determinada população de seres vivos até seu ponto *certo*. Seria precisamente a acumulação sucessiva de muitas dessas mudanças infinitesimais o que explicaria as transições macroevolutivas. Devido ao frequente uso que dele fizeram escritores como Richard Dawkins, bem como às supostas conotações antirreligiosas dessa posição, noto que esse é um erro mais frequente entre os ateus do que entre os fiéis. Todavia, como mostrarei nos capítulos seguintes, esse *gradualismo* foi combatido fortemente por inúmeros cientistas durante as últimas décadas de pesquisa.

O terceiro grande erro a respeito do que é (e do que não é) a evolução tem a ver com as árvores. Não me refiro às árvores como plantas, mas à representação que se costuma fazer de todos os seres vivos do planeta em forma de uma árvore filogenética, ou seja, uma grande árvore familiar que agrupa as espécies segundo sua semelhança ou proximidade evolutiva, com as mais aparentadas em posição mais próxima e as menos parecidas em ramos mais afastados. Todo mundo diz que entende isso perfeitamente, mas é incrível que, no caso da evolução humana, essa clareza pareça desvanecer-se.

Por exemplo, em nossa primeira objeção («se o homem vem do macaco, por que os macacos continuam a existir?»), o que realmente está errado é a premissa. O homem não vem do macaco: o *Homo sapiens* não evoluiu do chimpanzé. Os chimpanzés que conhecemos na África ou nos zoológicos das diversas cidades do mundo evoluíram de forma independente e paralela a nós durante pelo menos seis milhões de anos, a partir de uma população de símios cujas características biológicas desconhecemos. Dessa população se originaram (pelo menos) duas pequenas subpopulações, provavelmente em zonas periféricas afastadas da posição geográfica habitada por aqueles ancestrais. Ambas as linhagens, então, seguiram histórias evolutivas independentes: uma delas daria lugar aos homens de hoje; a outra desembocaria nos chimpanzés. Elas foram se separando em vez de se aproximar, e, depois de milhões de anos percorrendo caminhos cada vez mais afastados, parece que não vão convergir nunca.

Afirmar que o homem vem do chimpanzé, portanto, é uma das maiores besteiras que pode ser dita a respeito da evolução. E, no entanto, converteu-se em lugar-comum da crítica antievolucionista. Quando se perde a visão da árvore da vida, na qual as espécies existentes hoje ocupam os ramos mais externos e as espécies ancestrais – das quais aquelas foram se originando e que estão desaparecidas há milhões de anos – formam os nós e intersecções dos ramos, é impossível entender como funciona a evolução. O que resta, nesse caso, é uma linha, um grande tronco em que as espécies vão sucedendo umas às outras até chegar à penúltima (o chimpanzé) e, por fim, ao ser humano. Não se pode evitar a pergunta sobre onde ficam os coelhos ou ratos nessa disposição linear; afinal, se ainda circulam pelo nosso planeta hoje, deveriam estar no final desse tronco também.

De maneira sintética, esses são os principais erros com os quais, ao longo dos anos, me deparei ao falar sobre a evolução com pessoas mais simples, isto é, com o grande público. No fundo, estão unidos pela imagem de um progresso gradual que se desdobraria ao longo de uma linha só. Em geral, basta compreender bem a estrutura em árvore para desfazer os mal-entendidos gerados pela ideia que muita gente faz da evolução.

Não sei bem de onde vêm esses erros ou por que lograram posição dominante no imaginário popular, sobretudo no dos fiéis. Uma explicação possível está em que nós, cientistas, fomos negligentes na hora de explicar no que a evolução consiste, e por isso dedicarei boa parte do que resta neste livro a detalhar essas ideias. Talvez, ainda, o problema resida na dificuldade de erradicar preconceitos e erros que passaram a fazer parte da cultura popular – ainda mais quando há implicações religiosas no meio e as pessoas se sentem atacadas em suas convicções mais profundas. A visão lamarckiana, por exemplo, em sua simplicidade e inocência, exerce uma grande atração sobre o fiel porque apresenta um cosmos que parece ter um propósito claro, um sentido, uma direção, o que remete a uma força ou mente que estabelece (e quiçá impulsione) esse devir. A tentação de identificar o Deus cristão com essa força é quase irresistível. Esse percurso linear, perfeito, rápido e limpo que vem desde as bactérias e chega à consciência só pode ser explicado como resultado de um desígnio criador explícito. O darwinismo, por outro lado, com sua árvore «suja», repleta de nós e galhos que ficaram pelo caminho e nunca chegaram a florescer na copa, não parece digno da atuação divina. Ele não oferece consolo nenhum diante da possível falta de sentido do cosmos e, portanto, de nossa vida. Num panorama assim, regido por acontecimentos casuais, temos de buscar o significado alhures.

Como mencionei no capítulo anterior, jaz precisamente aí o desafio do fiel: aceitar que há lugar para a ação divina mesmo num cosmos que percorre caminhos retorcidos e que parecem não levar a lugar algum. Todavia, para isso é preciso reconhecer que a ação divina não consiste no que acreditávamos, no que nos ensinaram ou no que gostaríamos que ela fosse. Essa é a questão fundamental, o grande paradoxo. Quando damos esse salto, o conceito de Deus não se empobrece, mas, ao contrário do que poderia parecer, adquire uma dimensão inesperada: converte-se num poder capaz de dar sentido a um cosmos regido por processos naturais e, portanto, cheio de defeitos, imperfeições, becos sem saída e experimentos falidos – processos que, em vez de destruir, foram capazes de criar, por caminhos imprevisíveis e meandros improváveis, uma história maravilhosa, a história do desenvolvimento da vida neste planeta.

A evolução funciona assim

É preciso contar histórias aos alunos, pois muitas vezes essa é a única coisa de que se lembrarão com o passar do tempo. Uma de minhas favoritas é a história de como Charles Darwin nunca tomou conhecimento dos trabalhos do monge agostiniano Gregor Mendel. A primeira edição (de 1250 exemplares) da célebre *Origem das espécies* se esgotou num único dia, em novembro de 1859. Apenas seis anos depois, em 8 de março de 1865, Mendel apresentou na Sociedade de História Natural de Berna a segunda parte de suas famosas experiências com cruzamentos de ervilheiras. As descobertas foram consignadas às atas do encontro – como era comum à época – e publicadas no ano posterior, sendo então distribuídas a várias bibliotecas e instituições científicas da Europa e enviadas a alguns afiliados. Ao que parece, depois da morte de Darwin, em 1882, foi encontrada entre seus papéis uma cópia do trabalho de Mendel; o problema é que as folhas ainda estavam unidas pelas bordas, isto é, não haviam sido cortadas (o costume corrente era enviá-las assim, de modo que o leitor precisava usar um corta-papéis ou um abridor de cartas para talhar as bordas de cada folha e poder folheá-las). Ou seja, o grande Darwin nunca chegou a ler o trabalho do grande Mendel.

De todo modo, é muito provável que não viesse a dar-lhe importância: à época, muitos homens de ciência leram os resultados das experiências com ervilhas e não viram nelas nada de especial. Quase quarenta anos tiveram de se passar até que alguns cientistas, por vias independentes, percebessem a importância do paciente trabalho desenvolvido pelo monge na horta de seu mosteiro. Não obstante, é de se especular o que teria passado pela cabeça de Darwin ao ler que os caracteres hereditários eram transmitidos em «blocos» ou «pílulas». A história talvez fosse hoje outra, pois esse tema era verdadeiramente crucial para sua teoria evolutiva.

A teoria da seleção natural era muito boa, intuitiva, simples, elegante. Porém, havia um problema: não existia modo algum de demonstrá-la. Em 1859, ninguém sabia como se transmitiam os caracteres de uma geração a outra, ou seja, como funcionava a herança. Pelo menos desde Aristóteles, era evidente que muitos traços físicos se herdavam, e uns de maneira mais direta que outros. Contudo, mesmo no século XIX, ainda era um mistério onde residia essa informação e como ela passava de pais para filhos, o que claramente teria grande relevância para qualquer teoria sobre a evolução que pretendesse dar conta da transmissão das modificações corporais de uma geração à próxima.

Uma crença então em voga era a de que todas as partes do corpo desprendiam partículas que se mesclavam no sangue e em outros fluidos corporais. No momento da reprodução, as partículas paternas se mesclariam com as maternas, fazendo com que o rebento tivesse «o nariz do papai», «os olhos da mamãe» ou, o que era ainda melhor, um nariz com traços tanto paternos como maternos («grande como o do papai, mas arrebitado como o da mamãe»). Nem é preciso dizer que essa teoria vinha ao encontro da explicação lamarckiana da evolução: quando as girafas esticavam o pescoço, geravam partículas do tipo «pescoço longo» e as passavam à sua progênie; imediatamente, numa só geração, dava-se então um grande passo evolutivo na direção *certa*. Todavia, como é evidente, ninguém jamais observara essas supostas partículas nem sabia de que material poderiam ser feitas.

Darwin também acreditava na existência dessas *gêmulas* (chamavam-se assim), uma vez que explicavam muito bem o gradualismo das mudanças morfológicas que permeava sua teoria da seleção natural. Desse modo, a variação existente em determinada população não seria nada mais do que a mescla dos diferentes tipos de partículas que controlavam um traço concreto (o tamanho do bico ou a cor da plumagem). Eis por que é bastante provável que Darwin levasse um bom susto ao tomar conhecimento de uma teoria alternativa – uma teoria que, além disso, parecia ter respaldo empírico (ao menos nas plantas): os caracteres seriam herdados aos saltos, por meio de certos «fatores» que andavam em pares e que nem sempre tinham a mesma força, dado que um poderia dominar o outro. Essa organização peculiar do material hereditário resultava em proporções constantes para cada caráter, proporções que se pode ir acompanhando de geração em geração.

Por exemplo, se cruzamos uma planta que sempre dá ervilhas verdes com outra planta que sempre dá ervilhas amarelas, as plantas da geração seguinte não darão ervilhas amarelo-esverdeadas. Antes, acontece algo curioso: todas dão ervilhas amarelas. No entanto, a cor verde não se perdeu por completo, pois, se agora eu cruzar duas dessas plantas que dão ervilhas amarelas, na geração seguinte aparecerão de novo plantas com ervilhas verdes, exatamente na proporção de uma a cada três plantas de ervilhas amarelas. Além disso, tratar-se-á sempre de ervilhas verdes ou amarelas: não haverá nenhuma planta com ervilhas verde-amareladas ou amarelo-esverdeadas. Não há mescla de cores, mas distintas combinações (sempre aos pares) de *unidades* de herança.

Quando, por volta de 1900, começou a ficar claro que tanto as plantas quanto os animais seguiam esses padrões *mendelianos* de hereditariedade, os primeiros geneticistas (que ainda não se chamavam assim) foram desenvolvendo a teoria e a nomenclatura necessária para explicá-la. Os tais fatores passaram a ser os *genes*; cada uma das variações de um gene (a versão verde ou a versão amarela do gene que controla a cor das ervilhas) se denominou *alelo*; os alelos que prevaleciam sobre os contrários foram chamados de *dominantes*; e os alelos débeis receberam o nome de *recessivos*.

Deste modo, quanto ao caso das plantas que acabamos de descrever, poder-se-ia dizer que, quando se cruza uma planta que tem dois alelos de cor *verde* para o gene responsável pela coloração da ervilha (e que, consequentemente, produz ervilhas verdes) com outra planta que tem dois alelos de cor *amarela* (e, por isso, suas ervilhas são dessa cor), todas as plantas resultantes terão um alelo verde e um alelo amarelo. Dariam, portanto, ervilhas verde-amareladas, como seria natural pensar? Não: dão todas ervilhas amarelas. O alelo amarelo é dominante em relação ao alelo verde. Quando cruzamos duas dessas plantas (lembremo-nos de que cada uma tem um alelo verde e outro amarelo) e repetimos o experimento centenas de vezes (o que é relativamente fácil em plantas), invariavelmente vemos que uma quarta parte das plantas dá ervilhas verdes e as outras dão ervilhas amarelas. As primeiras terão herdado dois alelos verdes, enquanto, entre as de ervilhas amarelas, haverá algumas com dois alelos amarelos (um terço) e outras com um amarelo e outro verde (os dois terços restantes).

No início do século XX, quando a explicação mendeliana da hereditariedade passou a ser aceita por todos, Darwin já havia falecido, o que provavelmente lhe poupou alguns desgostos. De fato, a descrição de Mendel não parecia se encaixar muito bem com o gradualismo de sua teoria da evolução, uma vez que mostrava caracteres que apareciam, desapareciam e voltavam a aparecer com o passar das gerações, sem qualquer mistura ou diluição. Com efeito, muitas vezes se deu a essa época da história o nome de «ocaso do darwinismo», pois o ímpeto e a solidez dos mecanismos mendelianos pareciam ter refutado a teoria da seleção natural.

Todavia, o trabalho monumental desenvolvido por vários cientistas, muitos deles matemáticos, durante as primeiras décadas do século XX conseguiu criar uma síntese bastante harmoniosa entre os postulados da seleção natural e a explicação mendeliana da hereditariedade. Esses pioneiros demonstraram que muitos caracteres que aparentemente se «mesclavam» também poderiam ser explicados mediante a combinação de alelos dominantes ou recessivos de distintos genes que controlavam um mesmo traço morfológico, e assim conseguiram formular as equações que descreviam essas relações. De modo concreto – e isso foi um avanço crucial –, eles desenvolveram os modelos matemáticos que explicariam as mudanças na frequência de cada alelo à medida que determinada população ia evoluindo. Esses modelos permitiam fazer previsões que se cumpriam com bastante confiabilidade. Conseguira-se enfim um aval empírico à teoria da seleção natural.

Em 1942, Julian Huxley publicou um livro para popularizar essas ideias: *Evolução: a síntese moderna*. Doravante, a explicação «neodarwinista» das mudanças evolutivas seria conhecida como a «teoria sintética».

Como se explica a evolução, portanto, de acordo com os postulados da teoria sintética? Voltemos ao bosque e aos pássaros do capítulo anterior. Imaginemos, então, que o tamanho do bico e a cor da plumagem de nossos passarinhos são controlados por vários genes e que nessa população de animais há quatro ou cinco variantes distintas (alelos) para cada um desses genes. Como sempre, cada pássaro concreto só terá dois dos quatro ou cinco alelos disponíveis no conjunto de pássaros do bosque. Portanto, encontraremos pássaros com bicos de diversos comprimentos dentro de um quadro amplo, dando quase a impressão de uma sucessão contínua e gradual de tamanhos. O mesmo poderíamos imaginar a respeito da cor da plumagem: a existência de alelos distintos para quatro ou cinco genes que controlam aspectos variados desse traço resultará numa grande variedade de cores e padrões nas plumas dessa população.

Como resultado, temos já uma explicação para o primeiro elemento de nossa teoria evolutiva, isto é, para a variação, a qual se deve ao fato de essa população de pássaros, em virtude de sua história pregressa, portar inúmeras variantes genéticas responsáveis pelo tamanho do bico e da cor da plumagem – variantes estas que não «sabem» de antemão se vão se tornar vantajosas no futuro desses animais.

Como o leitor certamente recorda, há uma subpopulação de passarinhos vivendo numa zona periférica de nosso bosque. Ali, as árvores se mesclam com outras plantas cujos frutos apresentam casca mais dura do que as que habitualmente se encontram no interior. Suponhamos que os bicos grandes e resistentes sejam mais adequados para o consumo dessas novas fontes de alimento. As aves às quais coube um bico fino – aquelas que se encontram na parte de baixo da classe de tamanhos de bico – veem-se em situação de desvantagem em relação às que têm a sorte de ostentar um bico mais forte – ou seja, as de bico pequeno estão mal adaptadas a essa situação. Esses pássaros só possuem duas opções: viver no interior do bosque, onde seus bicos podem dar conta das sementes com mais facilidade, ou correr o risco de morrer por desnutrição antes de chegar à idade reprodutiva. O resultado, em ambos os casos, é o mesmo: a frequência dos alelos responsáveis pelos bicos pequenos diminuirá progressivamente nos pássaros que habitam essa zona do bosque. Com o tempo, os animais que vivem ali terão – em média – bicos maiores do que os que vivem no resto do bosque, pois os que têm bico pequeno terão desaparecido.

É possível dizer algo semelhante acerca da plumagem. Se nessa mesma região do bosque, fronteiriça com a campina, pululam predadores especialmente interessados em comer os pássaros de plumagem vermelha (predadores que não se encontram na região interior), parece lógico concluir que os pássaros com essa característica correm mais risco de serem comidos do que aqueles de plumagem esverdeada ou penas dotadas de tons mais suaves de vermelho. Mais uma vez, o ponto de partida está numa variação genética que já existe na população, isto é, nas possíveis combinações de alelos em vários genes responsáveis pela coloração, as quais dão lugar a uma gradação de tons esverdeados e avermelhados. A presença dos predadores nessa parte específica do bosque coloca em perigo as aves com cores vermelhas mais vivas, que portanto estão mal adaptadas às circunstâncias. Ou esses indivíduos terão de viver em outras partes do bosque, ou serão seletivamente eliminados com mais rapidez que o resto de seus congêneres. O resultado será o mesmo do caso dos bicos: com o passar do tempo, os alelos responsáveis pela cor vermelha da plumagem terão praticamente desaparecido nessa população de pássaros.

Eis, de maneira muito resumida e, espero, compreensível a qualquer leitor, como funciona a seleção natural. Logicamente, trata-se de uma simplificação extrema, mas aqui não é lugar para tecnicismos. Há modelos distintos de seleção natural que ocorrem em outras situações, mas o mecanismo fundamental é o mesmo: a escolha, entre variantes já existentes numa população, daquelas que gozam de mais probabilidade de sobreviver e o desaparecimento das variantes menos favoráveis.

A pergunta que surge quando chegarmos a este ponto costuma ser: «E de onde saem essas variantes, esses alelos? Como surgiram nessa população? Por que há tantos? E por que esses, e não outros?». Bem, todos sabem que os genes são feitos de DNA, aquela molécula comprida que reside no interior das células. Nesse nível *molecular* detalhado, os distintos alelos dos quais estivemos falando (os da cor verde ou vermelha, os do bico grande ou pequeno) não são mais do que pequenas variações da sequência do DNA, isto é, mudanças em alguma das milhões de letras com que o representamos. É possível que, em algum ponto de um dos genes responsáveis pelo tamanho do bico de nossas aves, a sequência de letras seja AGTGTGGACCA, enquanto, em outros exemplares, tenhamos AGTGTAGACCA. Os leitores mais perspicazes notarão que a sexta letra da esquerda para a direita é, no primeiro caso, um G (que poderia representar um alelo de bico grande), ao passo que, no segundo exemplo, encontramos um A (que seria um alelo de bico curto). Assim ocorre com todos os alelos de todos os genes de todos os caracteres. De fato, se lermos a sequência completa dos genomas de cada um dos pássaros dessa população (são centenas de milhões de letras em cada genoma!), encontraremos milhões de posições nas quais alguns exemplares têm uma letra e outros, uma letra diferente. A variação genética de partida é enorme – afinal, essas variantes afetam não só o bico e a plumagem, mas também a capacidade de voo, a acuidade da visão e qualquer outro traço biológico.

Todavia, por que tantas diferenças? Aqui, penetramos verdadeiramente no segredo da vida. O que acontece é que, em diversas situações, mas sobretudo durante a duplicação do material genético ocorrida quando uma célula vai se dividir, a molécula de DNA sofre mudanças em algumas de suas letras: onde havia um A, pode aparecer um T ou um G, por exemplo. Em geral, muitas dessas mudanças não têm repercussão importante no funcionamento dos indivíduos delas dotados e permanecem ali, naquela coleção de genomas (ou então desaparecem por mecanismos que veremos no capítulo seguinte). Outras mudanças, por sua vez, serão favoráveis aos pássaros em algum momento futuro (como os alelos que, em determinada região do bosque, levam ao desenvolvimento de bicos maiores e de plumagens menos vermelhas). Por fim, há as variantes que constituirão os alelos pouco favoráveis: os de bicos pequenos e cores vermelhas intensas. Poderá ser útil tê-los em outras partes do bosque, mas não aqui.

O importante é que hoje sabemos como e em que velocidade surgem essas variantes, bem como a probabilidade de cada uma aparecer e o porquê. Isso possui grande relevância, pois a seleção natural – lembremos – não *cria* nada, mas apenas *escolhe* entre as variantes existentes; em grande medida, todo o processo evolutivo depende disso. Esse ponto é exatamente o que costuma dar problema, isto é, certo gostinho aos céticos e certa inquietação aos fiéis. Afinal, se toda essa variação genética, como estamos cansados de ouvir, surge do *acaso*, a evolução realmente careceria de sentido: nada daria significado a nada...

Bem, não avancemos assim tão rápido. A evolução diz respeito a *todo* o processo, desde o aparecimento de novas variantes até o resultado final, passando pelas condições que levam à seleção de umas e ao desaparecimento de outras. E esse processo não tem nada de *aleatório*, pois segue uma lógica muito concreta e regras que conhecemos extremamente bem. Nem sequer o passo inicial – as mutações que geram variantes novas – é de todo casual, pois algumas mutações são mais prováveis que outras. E, ali onde há lógica, regras e probabilidades, não há acaso. De todo modo, como esse ponto costuma ser um dos principais empecilhos para que o fiel aceite a evolução com todas as suas implicações, dedicaremos a ele um capítulo inteiro ao final do livro. Por ora, temos de continuar a explicar como a evolução funciona, uma vez que a seleção natural está longe de ser tudo.

Os solavancos inesperados do início da evolução

Na primeira edição da *Origem das espécies*, Darwin é muito claro, quase taxativo: «Estou certo de que a seleção natural foi o principal meio de modificação, mas não o único». Esse é um trecho que seus seguidores mais fiéis frequentemente deixam de lado, pois, se algo vem distinguindo os puristas dos neodarwinistas, esse algo é a equiparação da evolução com a seleção natural. Para eles, toda característica presente numa espécie deve resultar de algum tipo de seleção – mais forte ou mais fraca, mas sempre uma seleção. Isso serve muito bem para reforçar a ideia de que a evolução (isto é, a «seleção») é capaz de *otimizar* qualquer organismo se a deixarmos agir por tempo suficiente. Nas elegantes palavras de Richard Dawkins, a evolução poderá escalar qualquer montanha, por mais improvável que pareça, à base de avanços infinitesimais – um após o outro, sempre encosta acima, durante milhões de anos. Isso soa bonito, mas infelizmente (ou por sorte, como veremos mais adiante) as coisas quase nunca funcionam desta maneira, como o próprio Darwin intuiu.

Para entendermos bem o fenômeno de que trataremos neste capítulo, muito útil será retornar aos nossos pássaros. Deixemos de lado por um instante os que, no capítulo anterior, deram lugar a uma nova população ou subespécie (ou o que for) num dos extremos do bosque, recordando que nesse caso a seleção natural foi o motor da mudança morfológica nos bicos e na plumagem. Imaginemos, antes, algum desastre natural que tenha afetado a parte principal do bosque – talvez um incêndio que deixasse calcinados metros e mais metros de terra. Como resultado, parte do bosque ficou isolada do resto e os pássaros dessa região acabaram incomunicáveis; eles seguirão adiante com sua vida, sem jamais se mesclar novamente com os que ficaram na floresta.

Passados alguns – não muitos – anos, ficamos surpresos ao ver que seus bicos e sua plumagem diferem notavelmente da população à qual pertenceram no início. O ornitólogo que nos acompanha não tem certeza de que se trata exatamente da mesma espécie de pássaros do grande bosque vizinho. Como isso é possível?

Os arquitetos da teoria sintética demoraram algum tempo para entender a explicação desse fenômeno, que não parece se dever à seleção natural. Eles perceberam que esse tipo de isolamento mais ou menos brusco faz com que os alelos presentes em ambas as populações (a original e a que se isolou depois do incêndio) sigam rotas diferentes, aumentando ou diminuindo sua frequência de forma relativamente errática. De maneira concreta, a intuição mais importante – demonstrada por experimentos ulteriores – era a de que as mudanças bruscas nas frequências dos diferentes alelos são tanto mais drásticas quanto menor é o número de indivíduos que ficam isolados. Numa população numerosa, como na dos milhares de pássaros que inicialmente povoavam nosso grande bosque, as frequências relativas dos alelos que controlam o tamanho do bico, a cor das plumas ou qualquer outro traço morfológico não mostrarão grandes mudanças ao longo de gerações sucessivas. Todavia, se um grupo pequeno de pássaros fica isolado do resto, as frequências dos distintos alelos podem aumentar e diminuir bastante sem qualquer motivo aparente. Esses aumentos e diminuições recordam a trajetória ziguezagueante de um barco que se encontra à deriva, à mercê do vento e das ondas, mudando de rumo sem parar. Eis por que os cientistas batizaram esse fenômeno de *deriva genética*.

Infelizmente, a deriva é uma grande desconhecida para a imensa maioria do público interessado em saber como a evolução funciona. Todavia, ela pode assumir grande importância em algumas situações e provavelmente interveio de um modo ou outro no aparecimento de boa parte das espécies do planeta. Com efeito, a deriva genética pode dar lugar a indivíduos tão diferentes dos da população original que talvez mereçam ser rotulados como uma nova espécie. Os passarinhos de nossa região isolada, depois de vários anos separados, talvez cheguem a ter bicos menores e plumagens mais esverdeadas do que os do bosque principal, embora nesse caso não tenha havido nenhum tipo de seleção: os predadores são os mesmos, as sementes são igualmente duras... E a razão está em que há poucas aves se reproduzindo, e por isso um alelo muito frequente numa geração pode passar a ser muito raro na seguinte, por pura probabilidade. Imaginemos, por exemplo, que existam quinze casais de pássaros e que o alelo da plumagem vermelha esteja presente em dez deles. Um dia acontece algo que reduz essa população a apenas cinco casais. Se, por acaso, nove dos dez casais desaparecidos tinham o alelo da plumagem vermelha, na geração seguinte esse alelo será muito menos frequente. Talvez um desses bandos tenha levado ao total desaparecimento de algum alelo responsável pelos bicos grandes ou pelas cores avermelhadas, de modo que agora são raridade nessa população.

A importância da deriva genética como força evolutiva dependerá, portanto, do tamanho das populações naturais que estão evoluindo. Em seres microscópicos como as bactérias, em que cada população costuma ser formada por milhões de indivíduos, a seleção natural assume papel primordial na dinâmica evolutiva. Todavia, à medida que os organismos vão se tornando maiores – sejam esponjas e medusas ou elefantes e baleias –, vemos populações constituídas de menos indivíduos, quiçá de apenas algumas dezenas. Nesses casos, o papel da deriva é importantíssimo.

Mudanças bruscas no número dos seres que formam uma população serão especialmente propensas a essas guinadas, como acontece durante uma extinção ou durante a colonização de determinado local por um pequeno número de indivíduos. Basta pensar na história da Terra para se dar conta de que esse tipo de situação constituiu mais a regra do que a exceção, uma vez que a colonização do planeta teve por base a ocupação de novos nichos, num processo pontuado, além disso, por várias extinções em massa. A colonização e a extinção são duas forças evolutivas poderosas, e ambas favorecem muito a ação da deriva genética.

Nada melhor do que voltar ao nosso bosque para ilustrar isso. Imaginemos um conjunto de pássaros que vive em outra zona periférica, distante tanto daquele primeiro grupo que evoluiu por seleção natural como da segunda população, que ficou isolada depois do incêndio. Talvez um pequeno grupo de dez ou doze exemplares seja especialmente inquieto e, um dia, voe para fora do bosque, chegando então a um pequeno bosque próximo onde não há nenhum representante de sua espécie. Trata-se de um nicho vazio, pronto para ser ocupado. Se não regressarem a seu habitat natural, essas aves terão fundado uma nova população ali. E, como são muito poucas, é perfeitamente possível que tenham, digamos, bicos maiores ou plumagens mais vermelhas do que a média de sua população de origem. Os respectivos alelos, portanto, são muito mais frequentes nesse pequeno grupo, e por isso, dentro de poucos anos, a imensa maioria dos pássaros desse pequeno bosque, isto é, os descendentes dos fundadores, será vermelha e de bico grande. O amigo ornitólogo que nos acompanha terá dificuldade em classificá-los como uma das espécies já conhecidas.

E o que acontece se chega uma praga que acaba com 90% dos exemplares de nosso grande bosque? Algo semelhante: os 10% sobreviventes talvez sejam portadores, digamos, de muitos alelos de bico grande ou cor vermelha, com uma frequência muito maior do que o habitual antes da aniquilação massiva dos pássaros. Quando os sobreviventes se reproduzirem para repovoar o bosque, em umas poucas gerações terão desaparecido os exemplares de bico curto e plumagens esverdeadas, ou então eles terão se convertido em raridade, como o famoso melro branco. Houve algum tipo de seleção natural? Não. Na realidade, ela não foi necessária: a deriva é suficiente para que haja evolução.

Parece-me assaz importante refletir sobre a relevância desse assunto. Desde o aparecimento das plantas e animais há centenas de milhões de anos, as grandes transições evolutivas frequentemente foram marcadas por colonizações e extinções. Os peixes conquistaram a terra firme cerca de 350 milhões de anos atrás, mas não todos em massa e ao mesmo tempo, é claro: apenas uns poucos exemplares apresentavam as adaptações necessárias. A maior extinção da qual temos notícia, ocorrida há 250 milhões de anos, dizimou 95% das espécies que então cobriam a Terra. Depois do impacto do meteorito que provocou o desaparecimento dos dinossauros, há 66 milhões de anos, os pequenos mamíferos noturnos começaram a ocupar os nichos ecológicos que ficaram disponíveis. Quando o clima se tornou mais frio e árido, no final do Plioceno, secando os bosques do leste da África três milhões de anos atrás, alguns primatas bípedes adentraram a savana – não, porém, todos de uma vez, e sim em pequenos grupos de aventureiros que iam saindo dos bosques em ondas sucessivas enquanto o resto ficava para trás (embora a palavra «onda» talvez seja um tanto exagerada para se referir a grupos de oito, doze ou vinte indivíduos). A história se repete no decorrer dos acontecimentos que deram forma à nossa biosfera – nos efeitos de gargalo, nas reduções drásticas do número de indivíduos de uma população...

Podemos afirmar, portanto, e sem medo de errar, que a evolução não se resume à seleção natural; não é certo representá-la como um lento e inexorável processo de otimização que sempre alcança a *melhor* solução. Essa conclusão talvez seja uma fonte de tranquilidade para o fiel que suspeita de uma evolução tão inteligente quanto impessoal, que questionaria a necessidade de seu Deus; por outro lado, talvez faça ruir um pilar do templo do cético, que via na seleção natural a única explicação para tudo. Não sei. Creio, no fundo, como tentei esclarecer no primeiro capítulo, que as coisas não são nem de um jeito, nem de outro. O que realmente importa é que a deriva genética, bem como sua relevância para a evolução, introduz um elemento de incerteza, de «ruído», que nos ajuda a entender muito melhor como funcionam os processos evolutivos e que, curiosamente, pode satisfazer ou enervar tanto o fiel receoso quanto o cético entusiasta. O primeiro pode ver aqui um *vazio* a mais para a intervenção de seu deus-engenheiro, enquanto o segundo tenderá a extrair conclusões excessivamente contundentes sobre o papel do *acaso* como causa de tudo. Mencionei já que tratarei desse tema adiante; peço novamente, portanto, um pouco de paciência ao leitor.

No entanto, isso não é tudo. O conceito de deriva genética tem outra consequência interessante e que é frequentemente ignorada pelos céticos (quanto à evolução, no caso): ele não só introduz certa imprevisibilidade, mas também ajuda a explicar a existência de designs *ruins*.

Com efeito, na natureza abundam estruturas que, se analisadas em detalhes, correspondem a um design bastante deficiente. O olho humano costuma ser apontado pelos criacionistas – e pelos que nutrem, de modo geral, certo ceticismo quanto à evolução – como um órgão de extrema perfeição que não pode ter evoluído unicamente por seleção natural, o que dá a entender que o deus-engenheiro deve, em certo momento-chave da história natural do planeta, ter encaixado ali algumas peças. Todavia, preciso decepcioná-los: o olho do polvo é mais bem projetado do que o nosso, ao menos no que se refere ao ponto cego que temos devido à entrada do nervo óptico na retina.

No entanto, talvez o primeiro lugar na competição de

designs defeituosos seja de um nervo chamado *laríngeo recorrente*, que vai da base do crânio até os músculos da garganta. Trata-se de um percurso complicado e verdadeiramente tortuoso que o leva a passar debaixo da aorta, principal artéria a sair do coração. Se em nós isso já parece complicado, nas girafas, com seu pescoço inusitadamente comprido, a coisa adquire proporções cômicas: o caprichoso nervo atinge mais de quatro metros de comprimento, quando na verdade só deveria medir alguns centímetros para chegar a seu destino em linha reta...

Não é o momento, agora, de explicar os caminhos evolutivos que provocaram essas situações; eles já foram abordados muito bem em célebres trabalhos de divulgação científica. O que me interessa é reforçar a ideia – à qual voltaremos nos capítulos seguintes – de que a evolução com frequência é *suja*, um tanto *malfeita*, o que não está muito de acordo nem com a ação do deus-engenheiro, nem com a ação da deusa da seleção natural. Todavia, tudo isso explica por que, em determinados momentos, as decisões evolutivas implicaram a separação relativamente rápida de um grupo reduzido de indivíduos, cujos descendentes acabaram por originar populações com características morfológicas peculiares.

Se voltarmos à imagem mencionada no capítulo anterior, quando vimos toda a vida que existiu e existe no planeta organizada em forma de árvore, perceberemos que muitos galhos e ramos secos caíram sem chegar ao topo – ou seja, a vida viu muitas colonizações, muitos isolamentos, e não poucas extinções. Em todos esses passos, a evolução futura de cada grupo teve de trabalhar sobre o que havia sobrevivido. Quando, nos vertebrados terrestres, a cabeça começou a separar-se progressivamente do tronco, o nervo laríngeo recorrente já estava ali, e não houve maneira de mudar sua trajetória: portanto, ficou enredado na aorta. O deus-engenheiro não teria feito assim, bem como a deusa da seleção natural; a evolução, porém, sim.

Para quem (como eu) estuda os aspectos mais moleculares da biologia evolutiva, é fonte de grande satisfação comprovar como todos esses conceitos que venho mencionando se concretizam às maravilhas quando entramos no fascinante mundo do DNA. O genoma é o conjunto de todos os genes, de toda a informação genética que caracteriza cada espécie. Hoje, torna-se cada vez mais simples ler e comparar a sequência completa dos genomas de distintas espécies a fim de analisar o que se deu ao longo de milhões de anos de evolução. Eis um exercício que ilustra muito bem o que tenho dito.

Ao comparar o genoma de bactérias, plantas e animais, por exemplo, vemos que muitas das grandes transições evolutivas não foram provocadas por pequenas mutações acumuladas gradualmente, e sim por reorganizações muito mais drásticas do material genético — por grandes segmentos que se duplicaram várias vezes no genoma de uma espécie ou que mudaram de posição em outro. De fato, os genomas de animais complexos como nós costumam estar cheios de elementos móveis que saltam de uma posição a outra, elementos que infelizmente foram chamados de *lixo* porque parecem não ter função importante para a sobrevivência do organismo. Os genomas das bactérias, ao contrário, são muito compactos, otimizados: encontram-se muito bem *desenhados*, contendo muita informação em pouquíssimo espaço. Por que os genomas dos ratos, dos chimpanzés ou dos seres humanos são tão pouco eficientes, tão grandes e pouco estilizados?

A resposta está em que as bactérias, com suas populações formadas por milhões de indivíduos, são muito sensíveis à seleção natural, e qualquer alteração na estrutura de seus genomas que vier a afetar, ainda que minimamente, sua viabilidade será eliminada com bastante eficácia. Em espécies, por outro lado, cujas populações são formadas por dezenas ou poucas centenas de indivíduos, o poder da seleção se dispersa e a deriva genética adquire maior relevância. Esses desenhos genômicos *sujos* ou pouco eficazes são tolerados porque não põem em sério risco a sobrevivência, e uma mudança brusca pode fazer com que se fixem nos genomas dessa população. Não se trata de adaptações, de «melhorias» criadas pela seleção natural, mas de defeitinhos.

O mais fascinante de toda essa história, como veremos mais detalhadamente em outro capítulo, é que imperfeições assim foram imprescindíveis para a evolução da vida no planeta. De fato, se desde o início dos seres vivos, quando, há milhões e milhões de anos, só havia bactérias microscópicas pululando no solo do fundo dos oceanos, o único modo de evoluir tivesse sido a seleção natural tal como a descrevi, o mais provável é que hoje a Terra ainda estivesse habitada apenas por bactérias – bactérias muito otimizadas, é claro, mas somente bactérias.

A beleza está naquilo que dizia o grande químico Erwin Chargaff, a saber: que «a vida é a contínua irrupção do imprevisível». Para tornar o imprevisível possível, para que se possa inovar, arriscar é preciso. A evolução não conhece outra forma de arriscar senão gerando o inesperado, e o inesperado frequentemente é o imperfeito. O que causa verdadeiro espanto é que essas imperfeições constituem a base para progressos autênticos, para novos modos de sobreviver e prosperar nas inumeráveis oportunidades oferecidas por nosso planeta. Nenhum deus-mago faria algo assim; nenhum deus-engenheiro empregaria um modo de criação baseado na concatenação de inúmeras remadas imprevistas. Para acreditar que um processo puramente natural sujeito a essas regras tem sentido, é preciso crer num deus diferente, um deus que seja realmente Deus.

A evolução dá saltos

«Depositaste sobre os próprios ombros uma dificuldade desnecessária ao adotar sem reservas o *"Natura non facir saltum"*», escreveu Thomas Huxley a seu amigo Charles Darwin depois de sua leitura da *Origem das espécies*. «A natureza não dá saltos» era um ditado célebre, bem conhecido pelos naturalistas da época. Darwin julgava esse axioma crucial para sua explicação da seleção natural; se houvesse saltos, toda a sua teoria evolutiva desmoronaria. Huxley, homem brilhante que chegaria a ser conhecido como «o buldogue de Darwin», isto é, como seu mais dedicado e belicoso defensor, não via isso tão claramente: acreditava que seu colega estava cavando uma cova da qual seria difícil sair. Além disso, tratar-se-ia de uma cova totalmente desnecessária, uma vez que os saltos não punham sua teoria em risco. Hoje, tudo parece indicar que Huxley tinha razão, pois a evolução – inclusive quando operada mediante a seleção natural – pode, sim, dar saltos.

Obviamente, isso depende do que cada um entende por *salto*. Talvez me acusem de tentar distorcer a linguagem, mas o certo é que não está nada claro o que queremos dizer com o termo *gradual* ou quando falamos de uma evolução aos *saltos*. Se uma pessoa adquire certa mutação genética que causa um câncer, é de uma mudança gradual ou de um salto que estamos falando? A mudança genética deve necessariamente ter sido repentina, mas se trata apenas de uma letra, talvez a primeira de uma série de mudanças no avanço do tumor. O desenvolvimento da enfermidade provavelmente parecerá lento à medida que os sintomas forem aparecendo; o diagnóstico do médico chega como um banho de água fria, de repente. Todavia, a enfermidade já vinha se formando há tempos...

    Algo parecido se dá quando volto caminhando para casa depois de um dia de trabalho (moro numa cidade que me permite fazer isso) e passo por vários pontos intermediários. Trata-se de algo gradual porque vou dando um passo após o outro? Ou supõe certo salto porque, depois de horas seguidas sentado na mesma cadeira, eu *de repente* caminho uns quilômetros? A julgar pela dinâmica do dia, no qual permaneci sobretudo no escritório, um traslado assim poderia parecer um tanto drástico. Contudo, o traslado mesmo vai se desdobrando pouco a pouco, passo a passo. Um recém-nascido ganha peso rapidamente nos primeiros meses; depois, continua crescendo até se tornar criança; ao chegar à adolescência, dará um estirão... Qualquer processo sujeito a mudanças funciona assim, e disso não escapam as mudanças evolutivas que foram configurando a vida no planeta. Em certos momentos, a depender da escala em que a contemplarmos, a mudança será mais gradual do que em outros. O que resta claro é que nem todos são exatamente iguais em velocidade ou magnitude. O último passo que Neil Armstrong deu antes de abandonar o módulo lunar foi apenas um passo mais; todavia, como ele mesmo disse, tratou-se de um salto gigantesco para a humanidade.

    E é isso o que importa neste contexto, pois a ideia de

gradualismo com a qual trabalham neodarwinistas modernos como Richard Dawkins diz que as mudanças evolutivas acontecem sempre a uma velocidade constante (em geral, lenta) e uniforme, sempre na mesma direção. Esta noção encontra-se muito ligada à ideia de *avanço*, da qual já me ocupei em capítulo anterior. Sem esse avanço lento, porém inexorável, parece que não seria possível gerar todas as formas de vida que os registros fósseis nos revelaram; este seria o único modo de evoluir. Desconheço quais foram os motivos que levaram Darwin a ver nesse conceito uma condição *sine qua non* para a validez de sua teoria. No caso, porém, do neodarwinista convencido e briguento, a razão – ao menos em minha experiência pessoal – costuma ser de matiz ideológico, por mais estranho que pareça: um processo que funciona assim *demonstraria* que habitamos um cosmos impessoal, sem sentido, no qual até mesmo nossa liberdade não passa de ficção. Isso é bastante surpreendente, pois, no fim das contas, uma coisa não tem nada a ver com a outra.

De todo modo, se há algo que a biologia evolutiva de hoje descartou com veemência é essa ideia de que a evolução funciona sempre e exclusivamente de forma lenta, gradual e inexorável. Já falei sobre isso nos capítulos anteriores, e nos parágrafos que se seguem me proponho a dar mais exemplos. A triste ironia é que essa concepção evolutiva é precisamente a que os fiéis se empenham em atacar, sem se dar conta de que na verdade estão atacando um espantalho. O *grande* argumento antievolucionista, repetido até a exaustão, discorre habitualmente assim: «De que serve meia mandíbula? Que vantagens confere meia asa à sobrevivência?». A transformação do membro superior que converte um braço em asa deve ser rápida, quase súbita; caso contrário, não se entende muito bem como é possível sobreviver com um meio-braço-meia-asa. Há fósseis com esses braços-asas? Parece que não. Portanto, se a transformação é rápida, como explicá-la sem *alguém por trás* da causa? O deus-mago poderia fazer sua aparição de novo, mas só se previamente refutarmos a narrativa gradualista. Daí o interesse de uns e outros neste ponto.

Teremos de deixar para o capítulo seguinte a explicação de como um braço pode se transformar em asa ao longo de um período relativamente rápido (entendendo, por «rápido», alguns milhões de anos), pois antes é necessário mencionar alguns conceitos que ainda não vimos. Todavia, trata-se de uma mudança que pode se dar por mecanismos puramente naturais, sem a intervenção de ninguém – o que de fato aconteceu diversas vezes na história evolutiva do planeta (pelo menos duas vezes nos dinossauros e uma nos mamíferos). Podemos até reproduzir em laboratório, recorrendo a vários modelos animais, alguns dos passos desse processo (felizmente, sem ter de esperar milhões de anos). Também abordarei a questão da meia asa, que na verdade pode ser mais útil do que parece. Antes, porém, de tudo isso, centrar-me-ei em alguns momentos especialmente importantes do desenrolar evolutivo da vida, momentos de transição que mostram alguma aceleração – como uma flor que se abre *de repente* (ainda que milímetro a milímetro) ao receber os primeiros raios de sol.

Avançando em ordem cronológica, podemos primeiro nos deter no aparecimento das células *eucariontes*, aquelas que portam o material genético dentro de uma espécie de bolsinha – o *núcleo* – que se encontra em seu interior.

As bactérias e outros organismos semelhantes chamados *arqueias* eram os únicos habitantes do planeta há três milhões de anos, e isso perdurou durante muito tempo. As bactérias são muito simples: têm uma parede celular dentro da qual encontra-se um líquido em que flutuam todos os demais componentes, inclusive a molécula de DNA que constitui seu genoma. Esses organismos são incrivelmente eficazes: conseguem viver nos lugares mais inimagináveis e se multiplicam quando têm nutrientes à disposição, constituindo colônias formadas por milhões de indivíduos. Por outro lado, uma célula eucarionte é complicadíssima, apesar de também ser microscópica. Para começar, goza de um sistema bastante sofisticado de membranas e vesículas internas, as quais se comunicam mediante canais e cisternas; o material genético está empacotado e protegido por algumas dessas membranas interiores, formando o núcleo do qual falei anteriormente. Além disso, ela possui *organelas*, pequenas estruturas encarregadas de diversas funções, como a síntese de proteínas e gorduras. Uma dessas estruturas é a *mitocôndria*, a central energética graças à qual a célula pode respirar. As células eucariontes são muito importantes porque todas as plantas e todos os animais, incluindo o leitor deste livro, são formados por células assim. O fígado, os olhos, o cérebro, bem como todas as estruturas do corpo, são formadas por milhares e milhares delas.

Não está clara a data exata em que as células eucariontes entraram em cena, mas seria de imaginar que se tratou de um processo lento, gradual e constante, em que durante muito tempo uma bactéria se foi modificando. Isso, porém, é falso. Hoje em dia, é consensual entre os cientistas (que diferem nos detalhes em virtude de suas diferentes teorias, como sói acontecer na ciência) que um daqueles micróbios chamados arqueias desenvolveu um sistema interno de membranas e, em dado momento, engoliu uma bactéria inteira. Ocorreu então a uma simbiose na qual ambas as células saíram ganhando, e com isso a bactéria engolida se adaptou para viver dentro de outra célula, diminuiu de tamanho, especializou-se na produção de energia e terminou se convertendo na mitocôndria das futuras células eucariontes. O processo, como sempre, pode ser considerado gradual porque talvez tenham se passado centenas de milhares de anos desde as primeiras mudanças nas arqueias até os últimos refinamentos. Por outro lado, pressupõe um avanço tremendo que não poderia ter ocorrido se não fosse por esse *inesperado* episódio de fagocitose em que uma célula comeu outra. Não nos esqueçamos de que isso é a vida, a irrupção do inesperado; a própria palavra *irrupção* indica que não se trata de algo puramente gradual e uniforme, mas de certo modo súbito.

Outra grande inovação da vida certamente consistiu na passagem dos organismos formados por uma só célula a organismos multicelulares como nós, que somos compostos de trilhões de células individuais e, no entanto, funcionamos como um organismo único, como um indivíduo; todas essas células aprenderam a viver juntas: renunciaram, de certo modo, à sua individualidade a fim de fazer parte de um projeto comum muito maior. Realmente parece algo quase mágico, tão *mágico* como um experimento realizado por Martin Boraas e seus colaboradores há vinte anos, em outra de minhas histórias favoritas que sempre acaba por espantar os alunos.

Havia anos que esses pesquisadores propagavam em laboratório uma alga unicelular, cobrindo já mil gerações dela (o que não é tanto, pois essa alga se divide em duas células filhas mais ou menos a cada vinte horas). Em determinado momento, os cientistas introduziram no líquido de cultivo outro organismo unicelular que atuava como predador, isto é, que comia as algas. Elas, acostumadas até então a viver em condições tranquilas, tiveram de desenvolver uma estratégia para sobreviver diante da ameaça daquele agressor inesperado, e a estratégia que funcionou melhor foi se organizar em grupos e começar a viver em comunidade.

Por incrível que pareça, em pouco menos de duzentas gerações, as algas, que inicialmente tinham comportamento unicelular, haviam experimentado uma mudança bastante radical: agrupavam-se agora em grumos, cada qual formado por centenas de células. O predador comia sem dificuldades algas individuais, mas não conseguia comer esses aglomerados celulares, que assim sobreviviam. Talvez o leitor pense que essa história de fazer grumos é algo fácil de conseguir quando você é uma célula, mas isso não é verdade; antes, exige a presença de moléculas que mantenham as células pregadas umas às outras e lhes permita comunicar-se entre si, a fim de que se coordenem. E, não obstante, elas conseguiram. Com o passar do tempo, à medida que as algas continuavam a se propagar na presença do predador, esses agregados foram se reduzindo de tamanho até se estabilizarem em grupos de cerca de oito células, as quais se comportavam de modo perfeitamente coordenado. Em muitos casos, mesmo depois de retirado o predador e de as algas continuarem a se propagar sem ameaça nenhuma, elas não deixaram de se reproduzir em agrupamentos assim.

É surpreendente, mas uma mudança ecológica relativamente simples (a introdução de um predador) provocara uma transição evolutiva notável. A seleção natural otimizara o tamanho dos grumos, talvez buscando o número de células que as impedisse de serem comidas, sem porém acarretar os problemas de ter de coordenar muitas células ao mesmo tempo. O momento crucial, o momento em que algo inesperado entrou em cena, foi a chegada do predador, e muitas vezes são exatamente as situações de maior perigo as que favorecem o aparecimento das inovações mais interessantes.

Essa experiência, é claro, não prova que a transição dos organismos unicelulares aos multicelulares durante a evolução da vida se deu *exatamente* assim. O que demonstra é que pode ter acontecido algo semelhante e que esse pode ter sido um processo relativamente rápido devido a algumas mudanças ecológicas, como o aparecimento de um vizinho faminto e brigão. De todo modo, sabemos com bastante certeza que a multicelularidade evoluiu em diversas ocasiões nos últimos dois bilhões de anos, em geral durante momentos de evolução acelerada. Mas teria se tratado de mudanças graduais – primeiro duas células, depois três, quatro... durante milhões de anos, sempre na mesma direção? A resposta é um sonoro *não*. Como sempre, saltos mais ou menos bruscos alternaram-se com períodos de maior estabilidade, nos quais os organismos se ajustaram mais lentamente às suas condições – arroubos de inovação alternaram-se com momentos de repouso em que parecia não acontecer nada.

Uma dessas explosões de criatividade, da qual muitos leitores ouviram falar, aconteceu há pouco mais de quinhentos milhões de anos. Segundo os dados de que dispomos, os seres vivos que então viviam no fundo dos oceanos eram em sua maioria dóceis, indefesos e pequenos; tinham apenas uns poucos centímetros de tamanho. Uma mudança ecológica – nesse caso, o ligeiro aumento da concentração de oxigênio na água do mar – permitiu então um aumento no tamanho dos animais. Alguns desses monstros começaram a se comportar como predadores dos menores, o que deu origem a uma verdadeira guerra de armamentos: começaram a aparecer esqueletos externos, braçadeiras, olhos, caudas articuladas que permitiam movimentação em grande velocidade... Tudo consistia em novas estratégias de sobrevivência, as quais permitiam comer ou não ser comido. Em razão do período geológico em que isso ocorreu, conhecemos esse acontecimento como a *explosão* do Período Câmbrico. Num intervalo de quarenta milhões de anos, originou-se a maior parte dos desenhos corporais dos animais – tanto dos que existem hoje como dos que ficaram pelo caminho. Tratou-se de uma mudança gradual? De um salto? Tanto faz. O importante é que aconteceu e aconteceu assim; do contrário, provavelmente não estaríamos aqui.

Como dizia Stephen Gould, a teoria moderna da evolução não exige que a mudança seja gradual, não necessita de nenhum postulado a respeito da velocidade com a qual trabalha. A história da Terra pode ser representada como uma sucessão de pulsos mediante os quais os sistemas transitam relutantemente de um estado mais ou menos estável até outro. A mudança costuma consistir mais nessa transição entre estados do que numa transformação contínua, lenta e constante. Todavia, a seleção natural atua também nos momentos de aceleração, pois, se a arqueia que engolira a bactéria prosperou, foi graças às vantagens proporcionadas num nicho ecológico concreto; se os animais multicelulares triunfaram e cresceram de tamanho, diversificando-se em várias formas e desenhos corporais, em boa medida foi porque tais inovações lhes conferiam alguma vantagem e, portanto, passaram pelo filtro da seleção natural. Sem dúvida, a deriva genética também daria sua contribuição, sobretudo nesses pulsos de evolução acelerada em que uns poucos indivíduos desenvolvem uma nova estratégia; com certeza as mudanças genéticas acumuladas durante esses acelerametos acabaram por contribuir para a acentuação de diferenças entre as populações que se separavam.

O cético, portanto, fica sem argumentos para apresentar a evolução como um processo cego e carente de significado? Se seu raciocínio se baseia apenas no gradualismo puro e simples, parece que sim. Todavia, muitos já abandonaram essa posição. A aposta pelo sentido, lembremos, é anterior aos argumentos baseados no funcionamento da natureza. Isso se aplica também ao fiel: ele precisa aferrar-se à natureza pulsátil da mudança evolutiva para enxergar aí, como último estratagema, a ação divina? Este seria um erro enorme. O Deus autêntico não precisaria *se rebaixar* para introduzir uma bactéria numa arqueia, para fazer surgir um predador nos mares da Terra primitiva ou provocar a mudança climática que fez subir a concentração de oxigênio no Câmbrico; isso simplesmente não lhe era necessário: a própria dinâmica evolutiva basta para explicar essas mudanças. O deus-mago ou o deus-engenheiro apresentados pelo design inteligente talvez o fizessem, mas não o Deus que *ninguém nunca viu* de que nos fala João no início de seu Evangelho. Para este Deus, tanto faz se a evolução acontece rápida ou lentamente, se de repente ou pouco a pouco, porque seu Amor é capaz de dar sentido a tudo.

Evolução em grande escala

Alguns meses atrás, finalmente pude conhecer meu sobrinho-neto, uma criaturinha preciosa que, naquele momento, tinha apenas umas poucas semanas. Pelas fotos compartilhadas desde então no grupo a família, parece que o menino está crescendo rapidamente, como convém a um bebê de sua idade. De fato, se não fosse pelas fotos, em nossa próxima reunião seria muito difícil reconhecê-lo, do mesmo modo como ocorre ao nos reencontrarmos com alguém que não vemos há tempos.

Em geral, é isso o que se dá quando não podemos observar o desenvolvimento de um processo todos os dias, mas apenas muito de vez em quando. O que vemos são saltos, mas estamos certos de ter havido passos intermediários entre a situação anterior e a atual. Não é preciso ver constantemente o processo (e, de todo modo, seríamos incapazes de estar em dois lugares ao mesmo tempo, vivendo nossa própria vida e observando outros acontecimentos em tempo real).

Esse exemplo é bem propício para ilustrar o famoso tema dos elos perdidos e a *macroevolução*. Com efeito, todo debate sobre a evolução com um cético (ou mesmo um fiel) acaba chegando a esse terreno. Existe qualquer evidência de que os animais terrestres com quatro patas procedem dos peixes? De que modo um *monstro* com meia barbatana transformada em meia pata poderia sobreviver? Como, um atrás do outro, todos os inumeráveis passos intermediários puderam ser selecionados, uma vez que não ofereciam vantagem alguma? Porventura alguém chegou a *observar* o processo *inteiro*? Se a ciência é incapaz de revelar cada um dos passos que deram lugar a essas transições, não se pode afirmar com certeza que elas resultaram de mecanismos puramente naturais. Talvez tenha havido algo mais, *alguém* que transformou, como por um passe de mágica, as barbatanas em patas. De todo modo, como já se viu no primeiro capítulo, transições como a dos peixes aos quadrúpedes não causam grande inquietação nos fiéis; o problema está em que frequentemente se recorre ao mesmo raciocínio no âmbito da evolução humana, o que é fundamental para a aceitação irrestrita da evolução.

Por macroevolução entendemos a visão *em grande escala* do processo evolutivo, a descrição das mudanças numa escala temporal ampla, de milhões de anos. Visto desta maneira, inclui não só o aparecimento do que os biólogos classificam como novas espécies, mas também aqueles saltos aparentemente *impossíveis*, como a transição de peixes a anfíbios ou répteis. O que ocorre é que, como no caso de meu sobrinho-neto, contamos com uma série de fotos fixas de um processo – fotos que, no âmbito da evolução, estão separadas por milhões de anos. O fiel cético exige a prova irrefutável de todos os detalhes da mudança; ele não acreditará ao menos que lhe mostrem a gravação de cada hora (de cada minuto?) de um processo que começou há 350 milhões de anos e demorou cerca de trinta ou quarenta milhões de anos para se concluir.

Todavia, ainda não inventamos máquinas que nos façam viajar no tempo nem sistemas que possam armazenar os gigantescos arquivos de vídeo que se fariam necessários para registrar toda a história da Terra. O que temos são fotos tiradas em alguns momentos desse processo, e essas fotos são os fósseis. Eis por que os fósseis são como elos soltos dessa grande cadeia de transformação. Não formam uma cadeia perfeita porque não temos *todos* os elos, mas em conjunto reconstroem bastante bem o que ocorreu. Há muitas lacunas, algumas das quais vão sendo solucionadas por novas descobertas fósseis (os famosos elos *perdidos*), mas outras provavelmente nunca chegarão a ser preenchidas. Na verdade, não é necessário que a cadeia esteja perfeitamente fechada, elo por elo, para termos a certeza de que pelo menos *uma cadeia* existiu.

Parece um tanto injusto exigir da evolução esse tipo de evidência – existir, portanto, a cadeia inteira, com todos e cada um de seus elos – quando, em nossa vida cotidiana, não o fazemos. Se eu ficasse sem ver meu sobrinho-neto por dez anos (que Deus não o permita!), ao me encontrar de novo com ele poderia duvidar seriamente de que se tratasse de meu sobrinho-neto mesmo. Poderia exigir de sua mãe que me mostrasse um vídeo completo, sem edição, da vida do garoto; talvez me conformasse em ver algumas fotos tiradas com alguns anos ou meses de diferença. (A verdade é que me conformaria com a palavra de sua mãe, é claro, mas essa é outra história.) O fiel ultracético é assim: não só não confia nos cientistas, mas exige *ver* todo o processo. Ele não se conforma com menos. Sem essa evidência – é o que tantas vezes ouvimos –, a evolução é inválida como explicação científica; não passa de uma *simples teoria* que, porque não pode ser refutada, não pode tampouco ser provada.

Além de injusta, essa acusação é equivocada. A teoria

evolutiva tem por fundamento as fotos que chegaram até nós, isto é, um registro fóssil cada vez mais amplo e detalhado. Além disso, ela pode muito bem ser refutada. A cada novo fóssil que se descobre ou cuja antiguidade é determinada com maior precisão, a explicação geral se matiza em alguns de seus detalhes e vai sendo mais bem estabelecida, tornando-se cada vez mais sólida. Permanece, entretanto, passível de refutação, como dizia um dos primeiros teóricos da evolução: se um sortudo encontrasse um fóssil de coelho com oitocentos milhões de anos de idade, toda a teoria evolutiva atual teria de ser reformulada; além disso, o afortunado caça-fósseis certamente receberia o Prêmio Nobel. A realidade, porém, é que no momento ninguém encontrou nenhum fóssil de coelho tão antigo. E sabem por quê? Porque há oitocentos milhões de anos não havia mamíferos nem vertebrados. Simplesmente não haviam feito sua aparição sobre a face da Terra os grandes grupos animais aos quais pertencem os coelhos e as lebres. Seria como encontrar numa caixa uma foto de meu sobrinho--neto tirada em 1958, sessenta anos antes de ele nascer.

A questão, portanto, está em aceitar ou não aceitar as fotos intermediárias desses processos, estes fósseis que avalizam a explicação evolutiva. Se eu tivesse de descrever aqui todos os elos perdidos que foram aparecendo nos últimos cem anos, teria com o que me ocupar pelo resto da vida. Felizmente, porém, isso não é necessário: hoje os interessados podem consultar manuais sobre a evolução, que ainda assim só oferecem uma lista muito resumida de exemplos. Nos parágrafos seguintes, limitar-me-ei a resenhar um caso bem conhecido e especialmente esclarecedor.

Uma das transições evolutivas mais inverossímeis e questionadas pelos céticos é o *salto* dos peixes para a terra firme. Conhecemos hoje em dia anfíbios, e até mesmo peixes pulmonados, que são capazes de respirar fora da água, e por isso não é descabido pensar que animais semelhantes podem ter sido os primeiros a se arrastar pela superfície terrestre. Há fósseis de peixes muito antigos, ao passo que o rastro de animais quadrúpedes em terra firme cessa quando retrocedemos 350 milhões de anos. Diz a teoria, portanto, que alguns peixes (recordemos que não todos, mas uma pequena população em determinado lugar do planeta) conseguiram se adaptar e respirar fora da água e acabaram por preferir esse estilo de vida, que talvez lhes permitia escapar dos predadores habituais. Quando você é perseguido debaixo da água, um bom estratagema está em viver fora dela, sobretudo se você já resolveu o problema de respirar ao ar livre. A dificuldade, obviamente, são as patas: se você vai viver em Terra firme, está claro que é melhor ter patas que barbatanas. Como, no entanto, é possível converter suas barbatanas em patas?

Alguns fósseis do final do período chamado Devônico, há cerca de 380 milhões de anos, tinham barbatanas com ossos em seu interior, mas eram totalmente aquáticos e, como todos os peixes, não tinham pescoço. Outros fósseis, mais tardios e com características mais próximas dos anfíbios, datam de 365 milhões de anos atrás. Um vaticínio crucial da teoria, portanto, diz que deve ter existido um elo (perdido) com características intermediárias: um peixe com barbatanas mais parecidas com as extremidades dos tetrápodes (as patas), dotado de pescoço e capaz de respirar fora d'água. Esse elo, ademais, deve ter vivido num intervalo de tempo relativamente pequeno, há cerca de 370 milhões de anos.

No magnífico *Seu peixe interior*, Neil Shubin narra a descoberta, em 2004, do *Tiktaalik*, peixe fóssil que satisfazia a todos esses requisitos. O *Tiktaalik* tem 375 milhões de anos, e dentro de suas barbatanas é possível ver um úmero, um cúbito e um rádio que lembram os ossos de nosso braço – há, inclusive, ossos semelhantes aos de nosso punho. O peixe também possui os ombros bastante demarcados, sendo o primeiro vertebrado com pescoço. O que me parece mais surpreendente, porém, é que há dois orifícios na parte superior de sua cabeça que lembram os orifícios nasais. Este é um elo perdido a menos – ou a mais, a depender do ponto de vista.

Tudo isso é lindo, mas como podemos explicar essas transições? Como atuam a seleção ou a deriva, que genes ou moléculas participam delas? Nós de fato sabemos quais são os mecanismos subjacentes a esses processos? Essas são perguntas pertinentes e relevantes que a biologia evolutiva tenta responder há muito tempo. Mais de trinta anos atrás, o grande teórico da evolução Stephen Gould escrevia:

> Se não recorrermos a algum tipo de mudança morfológica baseada em pequenas alterações nos processos de desenvolvimento, não vejo como a maior parte das grandes transições pôde vir a acontecer. Em minha opinião, que é fortemente tendenciosa, o problema de reconciliar o darwinismo com a evidente falta de continuidade evolutiva é solucionado, em grande medida, pela observação de que pequenas mudanças no início do desenvolvimento embrionário podem se acumular durante o período de crescimento até proporcionar diferenças profundas nos adultos.

O segredo, portanto, poderia estar nesse processo de crescimento do embrião que conhecemos pelo nome de *desenvolvimento*.

Nas primeiras semanas de vida de um embrião, são geradas todas as estruturas que depois amadurecerão no feto e que continuarão a crescer até o adulto. O processo de desenvolvimento embrionário é regulado de maneira incrivelmente fina, por meio da ativação seletiva de genes concretos que, à medida que se formam os esboços das diferentes estruturas, se vão acendendo e apagando sucessivamente em distintos lugares do embrião. A ativação de um conjunto de genes num ponto concreto, num momento determinado da vida do embrião, fará surgir ali uma estrutura que começa a se desenvolver como braço. Se adiantamos ou atrasamos a ativação desses genes, ou se os ativamos a uns poucos milímetros de distância do lugar ideal, teremos malformações de diversos tipos no braço ou nos dedos.

Anos de pesquisa foram revelando os mecanismos genéticos que regulam esse processo incrível, bem como os estímulos ambientais que estão nisso envolvidos. Com efeito, em algumas espécies, o detonador que põe em marcha o desenvolvimento de determinadas estruturas pode vir de influências exteriores: por exemplo, sabe-se do papel representado pela temperatura da água na determinação do sexo de certas espécies de tartarugas, o que adquire especial interesse nesses tempos de aumento global da temperatura dos mares. Em algumas espécies, se o embrião da tartaruga cresce a 32 graus, ela se desenvolverá como fêmea; os machos só surgem quando está em 28 graus a temperatura. O interessante é que muitas dessas influências ambientais dependem, por sua vez, de fatores genéticos, dado que a temperatura pode acender ou apagar genes com bastante precisão. No caso das tartarugas, encontrou-se recentemente o grande responsável por esse fenômeno: quando os cientistas eliminaram esse gene, os embriões incubados a 28 graus contrariaram as expectativas e se desenvolveram como fêmeas.

Portanto, é crucial identificar e descrever em detalhes, durante o desenvolvimento embrionário, quando esses genes se acendem ou se apagam, assim como sua forma de reagir a estímulos ambientais. Logicamente, trata-se de uma tarefa gigantesca. Não obstante, conhece-se bastante bem a operação em alguns animais-modelo, como moscas, vermes, rãs ou peixes. Por outro lado, em mamíferos como ratos ou primatas, a coisa é muito mais complexa. Os cientistas que procuram explicar a evolução por meio de mudanças nos processos de desenvolvimento cunharam para sua disciplina o termo *evo-devo*, que vem do nome em inglês do ramo da biologia que estuda o desenvolvimento embrionário: a biologia evolutiva do desenvolvimento, ou *evolutionary development biology*.

Nos últimos anos, a *evo-devo* alcançou enormes progressos ao conseguir descrever, com detalhes cada vez maiores, os mecanismos genéticos que tomam parte no desenvolvimento. Uma das descobertas mais surpreendentes – e que constitui, a meu ver, a principal *prova* da evolução – foi a de que esses mecanismos são incrivelmente parecidos em todos os seres vivos. Avalizada e complementada pela leitura de todo o genoma de muitas espécies, a biologia do desenvolvimento mostra com grande clareza que os genes envolvidos no controle do desenvolvimento embrionário são essencialmente os mesmos. A mesma rede genética se ocupa da formação do braço em humanos e da pata dianteira nas rãs. Cada animal carrega sua própria versão desses genes, é lógico, pois eles foram mudando com o passar do tempo; não obstante, trata-se dos mesmos genes com funções praticamente idênticas, e de tal modo que, às vezes, é possível tirar o gene que controla a formação de uma estrutura no rato e substituí-lo pela versão humana desse mesmo gene, sem porém prejudicar a formação dessa estrutura.

Noutros casos, pequenas variações nas redes genéticas que controlam o desenvolvimento de certas estruturas podem provocar mudanças importantes, como o mesmo Gould já antecipava no texto mencionado. Isso é crucial para entender a evolução da morfologia, a macroevolução. Como, pois, converter barbatanas em braços? Parece evidente que será preciso *tocar* algo na rede genética que toma parte no desenvolvimento embrionário dessa estrutura. Se, por exemplo, compararmos essa rede nos peixes e nos ratos, talvez vejamos alguma pequena diferença capaz de explicá-lo, algo presente nos peixes, mas não em animais com braços e pernas, e vice-versa. O único modo de descobrir isso está em comparar essas redes e os genes que as formam e identificar se há alguma variação que possa explicar o salto evolutivo. E é claro que há.

Como exemplo, deixe-me concentrar num grupo de genes chamados *HOX*, cujo papel em vários aspectos do desenvolvimento embrionário é extremamente importante. Um dos genes dessa grande família ($HOXD_{13}$) é ativado no momento em que começa a se formar a barbatana nos embriões dos peixes ou a pata nos embriões dos ratos. No entanto, ele não é ativado com a mesma força, e de fato os cientistas comprovaram que, quando aumentam artificialmente a atividade de $HOXD_{13}$ nos embriões de peixe, esse esboço de barbatana se transforma e mostra características que lembram os esboços da pata de um rato. Desse modo, depois de encontrar o interruptor genético que modula a intensidade com que se ativa o gene, os pesquisadores fizeram um experimento fascinante: eliminaram esse interruptor do genoma de um peixe e o substituíram pela versão murina. O resultado surpreendeu: o gene $HOXD_{13}$, nesses peixes, foi ativado com mais intensidade que o normal precisamente no lugar onde estavam começando a se formar as barbatanas, e esses esboços de barbatana se modificaram para um tipo de desenvolvimento semelhante ao dos ratos.

Do mesmo modo, hoje conhecemos as sequências genéticas responsáveis pelo alongamento do pescoço das girafas; conhecemos os genes que foram desativados e fizeram desaparecer as extremidades das serpentes durante sua trajetória evolutiva (quando as patas deixaram de crescer); conhecemos algumas das mudanças genéticas responsáveis pelo aumento de tamanho do cérebro ao longo da evolução humana.... Estudos parecidos permeiam a literatura científica; em conjunto, servem como apoio muito sólido à ideia de que a evolução em grande escala, isto é, as mudanças morfológicas típicas das transições macroevolutivas, pode ser fruto de alterações sutis na regulação de genes-chave envolvidos no desenvolvimento.

Graças à *evo-devo*, hoje contemplamos o processo da evolução como uma espécie de recabeamento ou reconfiguração das redes genéticas que controlam o desenvolvimento embrionário. Ligeiras modificações nesse emaranhado de conexões terão como resultado trajetórias evolutivas distintas, uma vez que produzirão nos embriões certas modificações morfológicas pouco evidentes no início, mas com diferenças manifestas nos adultos. Algumas dessas modificações serão vantajosas para a sobrevivência e perdurarão nessa população, como vimos anteriormente; outras se mostrarão prejudiciais, e por isso essas trajetórias evolutivas não darão em nada. Na maioria dos casos, trata-se de mudanças *pequenas* como o passo de Armstrong, mas com consequências importantes.

Com efeito, essa é outra propriedade importante – crucial, diria eu – da aproximação entre a biologia do desenvolvimento embrionário e a evolução: permite vislumbrar a maneira de modificar estruturas inteiras a partir de mudanças relativamente simples. Não é preciso uma mutação para mudar um braço, seguida de outra para a mão, mais uma para cada dedo... Não: quando muda a rede genética que controla o desenvolvimento do membro superior, *todo o membro* se reconfigura; pequenas mudanças nos sistemas genéticos que determinam a forma da cabeça ajudarão a entender como o crânio pode crescer e o rosto mudar ao mesmo tempo. Quando falamos em redes complexas assim, mudanças leves no *input* podem resultar em modificações relativamente drásticas e difíceis de prever. «E assim», concluía Gould no ensaio mencionado, «podemos passar da continuidade subjacente à mudança – um postulado essencialmente darwiniano – a alterações de resultados potencialmente episódicos: uma série de organismos adultos complexos».

A piada da evolução

Há uma seringa-do-mar que inicia sua vida como algo semelhante a um girino e, ao chegar à etapa adulta, sofre uma metamorfose, assenta-se sobre uma rocha e fica grudada ali pelo resto da vida. Costuma-se dizer que, ao adotar um estilo de vida sedentário, no qual a única coisa que tem a fazer para alimentar-se é filtrar água, o animal «come o próprio cérebro» porque não lhe faz falta. Na verdade, porém, o que acontece é que o principal gânglio nervoso se atrofia, embora os neurônios não desapareçam por completo. Em todo caso, a curiosa vida desse animal dá origem a uma piada bastante conhecida nos círculos acadêmicos: no final das contas, o que a seringa-do-mar faz é o mesmo que acontece a um professor universitário que se converte em livre-docente...

Depois de tudo o que dissemos nos capítulos anteriores, creio ser este um bom momento para recordarmos o caminho percorrido, fazermos um balanço e extrairmos as principais ideias que acabaram aparecendo. A história da seringa-do-mar, brincadeiras à parte, serve para ilustrar um ponto muito importante sobre o funcionamento da evolução, um ponto que já mencionei no início deste livro. A exemplo desse animal, a evolução muitas vezes retrocede, parece dar um passo atrás e perder um terreno que conquistara com imenso esforço. Isso contradiz aquela ideia de progresso constante que procurei tirar da cabeça do leitor, uma vez que não reflete em absoluto as transformações dos processos evolutivos.

Não obstante, trata-se, infelizmente, de uma ideia bastante difundida, tão incrustada no imaginário popular que a encontramos por toda parte, inclusive em âmbitos científicos. Há certo tempo, assisti a uma conferência sobre a evolução da consciência. Um professor disse ali que o processo é concebido como uma força que vai «puxando» as mudanças morfológicas do cérebro ao longo da evolução humana, como se fosse uma *corda*. A imagem era realmente infeliz: quem ou *o quê* puxa de *quê*? Em que consiste esse *puxar*? O que é exatamente a *corda*? Não há resposta para isso, evidentemente, pois os processos evolutivos não funcionam assim: já vimos que a evolução não *cria* as boas soluções para cada problema. Na verdade, ela não cria nada, mas apenas seleciona entre o que tem à sua disposição, que por sua vez é o resultado de seleções anteriores. Evoluir, digamos mais uma vez, não é progredir, e sim *explorar*.

Ao mudarmos de perspectiva, substituindo a obsoleta ideia da evolução como progresso por essa outra da exploração, tudo se encaixa melhor. Quem explora? A vida, todos os organismos da biosfera em seu conjunto. Como exploram? Mediante a seleção natural (ou a deriva genética) das variantes existentes, que vão mudando à medida que algumas desaparecem e são substituídas por novas. E onde se explora? Em determinado espaço, como em toda busca. Os cientistas costumam falar em espaços de possibilidades, ou seja, no conjunto de lugares disponíveis dentro de limites concretos. Quando alguém adentra um cômodo, por exemplo, pode caminhar seguindo trajetórias muito diferentes, ocupando – à medida que avança – qualquer uma das lajotas que estão livres. Quanto maior o espaço, mais trajetórias estão disponíveis para o recém-chegado, supondo que o chão seja perfeitamente liso. O problema, contudo, é que os espaços que a vida deve ocupar não costumam ser lisos; na realidade, são bastante acidentados.

Para entendermos isso, imaginemos que saímos em excursão pelo campo. Nosso caminho, de repente, dá num amplo vale com uma planície relativamente extensa, salpicada aqui e acolá por colinas de diversas alturas. Em certo ponto se elevam picos mais altos; alguns, de fato, são bastante escarpados, e ao cume deles talvez só cheguem montanhistas experientes. Se, durante meses, vamos registrando as trajetórias que os excursionistas fizeram ao chegar ali, haverá itinerários que se repetem com mais frequência que outros. Os caminhos mais simples, percorridos sem grandes subidas, terão sido os escolhidos por famílias ou excursionistas menos preparados do ponto de vista físico. Outros excursionistas talvez terão subido algumas das colinas. Uns poucos quiçá terão escalado picos mais difíceis. E não seria de estranhar que alguns dos cumes inexpugnáveis não tivessem sido conquistados.

A todo momento, a evolução está explorando paisagens – novos espaços de possibilidades – porque a natureza está repleta de potencialidades latentes. Algumas chegam a se realizar com frequência; outras, mais raramente; outras, nunca. O importante, porém, como escreve o biólogo John Tyler Bonner, é que «a parte superior da escala é sempre um nicho ecológico aberto». Sempre há alguma parte do espaço sem ocupação. Portanto, se num bosque vivem apenas passarinhos de pequeno porte ou que comem exclusivamente vermes, haverá uma grande quantidade de trajetórias evolutivas abertas até os pássaros maiores ou até os pássaros que se alimentam de mariposas, de grãos... ou dos pássaros pequenos.

Embora alguns excursionistas tenham chegado antes ao vale e ocupado as colinas mais acessíveis ou belas, restam outras – mais distantes ou altas –, que podemos tentar escalar. O desconcertante é que, a cada inovação evolutiva, novas possibilidades se abrem; o que não era ainda manifesto se torna patente; a topografia de nossa paisagem muda tanto quanto numa excursão real: quando se alcança certa altura, divisam-se caminhos que até o momento pareciam não existir.

Ilustremos isso retomando algumas das histórias que utilizei nas páginas anteriores. Quando as células eucariontes (algumas, não todas) tomaram o caminho da multicelularidade, essa vida em comunidade abriu-lhes a possibilidade da especialização. Houve as que puderam se encarregar do movimento, de receber sinais procedentes do exterior, de processar toda a informação, de extrair oxigênio e distribuí-lo pelo resto do organismo, etc. Deste modo surgiram células nervosas, musculares, intestinais, células-mãe e todas as demais que constituem um animal multicelular. As células que viviam como organismos unicelulares tinham esse potencial latente, pois muitas das moléculas necessárias já estavam presentes ali; todavia, esse potencial só se tornou realidade quando algumas, num lugar concreto e num momento determinado, tomaram esse caminho.

Tudo isso, se pararmos para pensar, possui implicações enormes. Uma primeira conclusão a se tirar é a de que as *inovações* evolutivas, no fundo, não são tão evolutivas assim: não se começa do zero, mas parte-se de algo anterior. A imensa maioria das novas soluções (os *avanços*) se apoia em conquistas precedentes, inserem-se numa trajetória um tanto errática que demora bastante tempo percorrendo nossa paisagem, ocupando determinada colina ou se assentando em alguns dos vales.

Obviamente, haverá lugares aos quais já não podemos (ou nos seria muito complicado) ter acesso, uma vez que o caminho percorrido nos afastou deles. Se nossa caminhada nos tivesse levado a uma colina a partir da qual seria relativamente simples alcançar um pico mais alto (indo pela encosta, como sabem os montanhistas), essa seria uma possibilidade real, factível. No entanto, se a trajetória anterior nos tivesse feito cair numa vala profunda, a partir da qual tornar-se-ia extremamente difícil chegar ao cume, a probabilidade de conseguir isso seria mínima.

Retomando alguns de nossos exemplos, podemos pensar que aqueles peixes do final do Devônico, dotados de pulmões e de barbatanas com ossos semelhantes aos do braço, ocupavam certa altura em sua paisagem evolutiva, e dali era mais fácil alcançar o cume que levava à passagem para a terra firme: bastava modificar algumas redes genéticas para que a população se adaptasse muito melhor à vida terrestre e, assim, alcançasse esse pico evolutivo de difícil acesso para as espécies que haviam seguido outros caminhos.

Em sua paisagem mesma, os primeiros animais multicelulares já tinham logrado boa altura; de onde estavam, seria mais fácil chegar até os cumes mais altos (os planos corporais de medusas ou peixes, por exemplo). As esponjas, por sua vez, se desfizeram do sistema nervoso porque não lhes era necessário para levar uma vida sedentária filtrando água, como ocorre com a seringa-do-mar da piada. Pode-se dizer que as esponjas *desceram* de uma altura alcançada com muito custo e chegaram a uma vala evolutiva (a ausência do sistema nervoso). Será tremendamente difícil para elas sair dali, pois isso equivaleria a *inventar de novo* o sistema nervoso. De todo modo, elas não necessitam disso: estão muito bem adaptadas a seu modo de vida e, por isso, se converteram nos povoadores dessa vala particular da paisagem evolutiva – e, de fato, continuam assim até nossos dias.

Espero que agora se entenda muito melhor por que continuam existindo bactérias, esponjas, moscas, peixes... e macacos. Durante milhões de anos, a vida foi ocupando pontos diferentes do imenso espaço de possibilidades evolutivas, mediante explorações sem trégua. Partia-se do que vinha antes, mas muitas vezes também se destruía o que fora construído, retrocedia-se, ou simplesmente se permanecia no mesmo lugar. Também espero que se compreenda, por fim, que a asa não sai do nada, não aparece de repente; antes, apoia-se numa estrutura preexistente (a famosa *meia asa*), uma estrutura que tivera outra função num organismo que ainda não desenvolvera a capacidade de voar. Darwin já havia cunhado um termo para esses ganhos sobre os quais se constrói uma mudança evolutiva posterior: chamou-os de pré-adaptações. Stephen Gould, com sua enorme capacidade explicativa no que tange ao funcionamento da evolução, chamou-os *exaptações*.

Uma exaptação ou pré-adaptação seria um traço concreto (uma estrutura, uma característica morfológica) que, com o passar do tempo, é reutilizado a fim de cumprir uma função distinta da que tinha originalmente. O exemplo mais comum é a plumagem que recobre a asa das aves. Em outras trajetórias evolutivas que levaram à *descoberta* do voo como forma de locomoção – por exemplo, em insetos ou morcegos –, as penas não fazem falta para nada. Nas aves, por sua vez, elas são totalmente necessárias. Por quê? A explicação, abundantemente avalizada por descobertas dos últimos anos, não tem nada a ver com a narrativa tão ridicularizada pelos criacionistas e pelos céticos quanto à evolução.

O que sabemos hoje é que as penas já existiam nos ancestrais de que procedem todas as aves, isto é, nos dinossauros. Não eram encontradas em todos, é claro (não parece que o tiranossauro as tivesse), mas nos últimos anos foram achados muitos fósseis de dinossauros recobertos de penas, e com um grau de conservação tão bom que permite inclusive que se estude a estrutura microscópica dessas plumagens primitivas. Pelas características de seus esqueletos, sabemos que muitos desses espécimes não voavam; a explicação mais plausível para a presença das penas está em que sua função não era o voo, e sim algo mais importante: conservar a temperatura corporal. Milhões de anos depois, alguns desses dinossauros já haviam desenvolvido certa estratégia para fugir dos predadores, uma estratégia que consistia em planar com as quatro extremidades estendidas (também há fósseis que revelam isso muito bem). Graças à plumagem em seu corpo e patas, o planar deve ter se convertido numa tática de sobrevivência muito eficaz. A partir dessa pequena (ou não tão pequena) colina de sua peculiar paisagem evolutiva, a subida ao cume que conduzia ao voo das aves atuais não era considerada tão difícil: o caminho percorrido, que as dotara de algumas características (pré-adaptações) concretas, as tinha levado até ali.

É impossível detalhar aqui todas as exaptações que conhecemos na história evolutiva do planeta. Parece-me importante, porém, sublinhar que, desde o momento em que se tornou possível estudar a evolução mediante a comparação das sequências genéticas de distintas espécies, os cientistas tiveram muitas surpresas; de modo concreto, encontraram abundantes exemplos de pré-adaptações em nível molecular, no plano dos genes e proteínas. Um dos casos mais conspícuos é o da multicelularidade, de que já falamos em mais de uma ocasião.

Diante do genoma de seres vivos que se encontram na fronteira entre o comportamento unicelular e multicelular – e que agem de ambas as formas, segundo as condições do meio –, vê-se que muitos dos genes necessários para a vida multicelular, isto é, aqueles que se encarregam de que as células se colem umas às outras e se comuniquem entre si, por exemplo, já estão presentes em organismos que ainda são unicelulares. Por que eles fazem isso, se não é preciso que as células se colem? Ora, porque se ocupam de outras coisas. Durante milhões de anos, eles tiveram uma função determinada; quando, porém, os níveis de oxigênio do oceano aumentaram o bastante para sustentar a vida multicelular, esses mesmos genes, combinados de novas maneiras, foram *requisitados* a cumprir novas funções. A evolução não teve de reinventar tudo do zero, mas saiu explorando e modificando o que tinha à disposição.

O mesmo se dá com nossas amigas esponjas, os animais mais simples que existem. Quando os cientistas leram seus primeiros genomas, encontraram vários dos genes utilizados para construir o sistema nervoso de outros animais, como as medusas, os ratos e até nós mesmos. Isso revela duas coisas. Por um lado, esses genes se apagaram nas esponjas; atrofiaram-se porque não era necessário gastar energia a fim de desenvolver um sistema nervoso. Por outro, trata-se, em muitos casos, de genes que já estavam em organismos unicelulares. Realizavam ali outras coisas, quando foram reutilizados para contribuir na formação de neurônios.

Como esses genes fazem isso? Como é possível que

exerçam certa função em alguns organismos e depois passem a fazer algo distinto em outros? Na maior parte dos casos, a estratégia é mais simples do que poderíamos imaginar: eles se duplicam. Um segmento do genoma de determinado organismo pode se copiar e ir a outra região desse mesmo genoma. Isso ocorre com certa frequência. Como resultado, num genoma em que só havia uma cópia de um gene concreto – responsável por uma função específica –, agora há duas cópias idênticas. Suponhamos que a função desse gene (na verdade, a proteína codificada por ele) consista em facilitar uma reação química. A partir do momento em que há duas cópias, uma delas fica livre para *explorar* novas capacidades; ela irá realizando pequenas mudanças ao longo do tempo sem que isso afete a viabilidade do organismo, uma vez que há outra cópia que funciona como convém. No fundo, é como se em nossa paisagem novas possibilidades se abrissem, novos caminhos para chegar a cumes que antes não estavam à vista. E, dado que evolução é exploração (não me cansarei de repetir isso), uma dessas novas trajetórias muito provavelmente chegará a seu destino.

    A principal conclusão de tudo isso, algo que François Jacob, vencedor do Prêmio Nobel, já descreveu com grande lucidez há anos, é a de que a evolução, no fundo, se comporta como um especialista em bricolagem que pega coisas velhas, já usadas, e as combina de novas maneiras. Ele pode fazer uma cadeira ou uma mesa de cabeceira com as tábuas de um palete ou de uma caixa de laranjas. Da mesma maneira, a evolução não precisa reinventar tudo do zero para encontrar soluções aos problemas biológicos, não necessita, como faria uma equipe de engenheiros, encontrar a solução perfeita para cada dificuldade que se apresenta; ela simplesmente constrói com base no que já foi alcançado previamente depois de experimentar muito. Isso, por sua vez, significa que as possibilidades não são infinitas. A história pregressa restringe as possibilidades futuras.

A evolução, portanto, é *suja*. Eu me daria por satisfeito se, ao concluir este livro, o leitor retivesse ao menos esta ideia: *a evolução é suja*. Verdadeiramente fascinante, ademais, é que dessa sujeira saíram coisas maravilhosas. As penas que cobriam o corpo dos dinossauros, as plumagens que lhes davam calor, acabaram por se converter nas estruturas que permitem o majestoso voo das águias. Em determinado grupo de plantas, algumas folhas se especializaram e adotaram diversas formas e cores para atrair polinizadores, e hoje temos as pétalas maravilhosas das várias espécies de orquídeas. E assim por diante.

Esses desenhos quase perfeitos e extremamente sofisticados se apresentam às vezes como o resultado normal, esperado, dos processos evolutivos, mas nem sempre é assim. Já falamos do nervo desnecessariamente comprido que percorre o pescoço da girafa, e também poderíamos falar de muitas outras estruturas que parecem ter sido mal projetadas. Talvez esses desenhos deficientes sejam a norma geral da evolução e os desenhos perfeitos, a exceção. É difícil saber. O importante é que essa visão de conjunto demonstra que trajetórias aparentemente erráticas pela paisagem evolutiva foram capazes de gerar uma grande diversidade de formas, cores, estruturas, soluções – em suma, inúmeros seres vivos, cada qual mais belo e surpreendente que o outro.

Isso é exatamente o que Stephen Gould chamou de *piadinha* da evolução: a prova mais sólida da evolução reside em suas imperfeições, e não naqueles projetos *excelentes*. As imperfeições demonstram que não houve por trás disso nenhum engenheiro, nenhum mago que tirasse de sua cartola novos truques. Elas manifestam uma história prévia que determina as opções disponíveis e explora novas soluções; não serão necessariamente as soluções excelentes, as *melhores*, mas são suficientemente boas para permitir que a vida siga adiante nesse nicho ecológico concreto. A evolução nunca constrói um órgão partindo do zero, não planeja o funcionamento do sistema circulatório como faria um especialista em hidráulica, não conecta os neurônios como um engenheiro eletrônico conectaria. Antes, ela é limitada pelas imperfeições e falhas do passado, e com essas ferramentas tem de seguir adiante. O resultado final dessa exploração às cegas é a famosa árvore da vida, da qual já falamos em diferentes ocasiões. Alguns galhos secaram na metade do caminho; dos nós interiores saíram outros que hoje formam a copa.

Tratar-se-ia, porém, de um processo cego, inexorável, totalmente aleatório, *sem sentido*, como tantas vezes o cético diz? De modo algum. Ou estaríamos falando, como muitas vezes fala o fiel, de um processo perfeito, fruto de um desenho que se vai construindo de acordo com um plano preestabelecido? Longe disso. Como podemos hoje ver, o processo evolutivo figura como uma extensa cadeia de sucessos que poderia ter ocorrido de outra forma, que poderia ter seguido outros caminhos dentro de um marco delimitado, seguindo regras precisas e com sua própria lógica interna. Por incrível que pareça, como fruto desse andar errático e às cegas, governado por mecanismos naturais e relativamente simples, a vida foi abrindo passagem durante os últimos três bilhões de anos, superando todos os obstáculos que encontrava ao longo do caminho.

Seria possível afirmar a autonomia desse processo e defender, ao mesmo tempo, a ação criadora de Deus? Se nos aferramos ao Deus-engenheiro-mago do design inteligente, temo que se trate de uma tarefa impossível. Todavia, para o autêntico Deus que dá sentido a tudo e atua de formas que não conhecemos, não é problema nenhum que a evolução consista num processo puramente natural de exploração, repleto de acasos. E, para o verdadeiro fiel, tampouco deveria sê-lo.

A evolução da mente

Meu quadro favorito do Museu do Prado é o de um cão semienterrado na areia que Goya pintou numa das paredes da famosa Quinta del Sordo. Muitos visitantes passam diante desse quadro sem lhe dar muita atenção, mas ele tem alguma coisa que me faz sentir algo muito especial, uma mescla de nostalgia e assombro difícil de explicar em palavras. Nossa subjetividade está cheia de experiências assim: o frio na barriga ao escutar Tchaikovsky, as lágrimas que saltam aos olhos quando se lê determinada passagem de um romance ou quando se assiste a uma cena especialmente emocionante de um filme... Tudo isso, ademais, se insere num mundo interior, numa história pessoal que experimentamos como própria e única, numa narrativa em primeira pessoa que nos acompanha por toda a vida. Esse conjunto de experiências foi chamado de diversas formas: psiquismo, consciência, mente... Trata-se do que torna os humanos uma espécie muito peculiar no planeta Terra.

Uma das grandes questões que a ciência deste século tenta resolver é, precisamente, como surge esse mundo interior. É claro que o cérebro tem papel fundamental, mas o problema está em definir exatamente qual seria a relação entre a atividade cerebral e a mente. *Mente* costuma ser definida como o conjunto de fenômenos cognitivos e emocionais que constituem o ser subjetivo de alguém, de um sujeito concreto. Não repassarei aqui todos os modelos que já foram propostos sobre a estrutura da mente; limitar-me-ei a resumir os principais componentes ou módulos com os quais concorda a maioria dos autores que escreveram sobre o tema.

De maneira muito esquemática, podemos dizer que a mente humana se apoia em sete grandes pilares cognitivos. A peculiar integração de todos eles é o que faz de nós uma espécie com características muito palpáveis. Esses módulos fundamentais incluem a capacidade de *nos metermos na cabeça* de nossos semelhantes, isto é, de enxergar determinada situação do ponto de vista do outro, de *ler* sua mente, o que possibilita o desenvolvimento de estratégias muito singulares de imitação e aprendizagem. Temos também um tipo de criatividade assaz especial, dado que podemos planejar ações futuras e imaginar situações – ou mesmo mundos – que não estão presentes agora e talvez nunca cheguem a existir. Desfrutamos, além disso, de um controle muito fino sobre certos movimentos (sobretudo das mãos), bem como da incrível capacidade de compartilhar uma mesma intenção, ou seja, de cooperar para alcançar um objetivo comum e impor normas de comportamento que afetem um grupo inteiro. Isso, evidentemente, exige uma forma de comunicação simbólica única, flexível e altamente sofisticada: a linguagem humana.

Como o cérebro contribui para a construção de todo esse universo? O filósofo David Chalmers disse, há mais de vinte anos, que essa questão a respeito da consciência constitui um problema *difícil*, em contraposição àqueles supostamente *fáceis*. Estes últimos – os fáceis – seriam mais definidos: que padrões de atividade cerebral sustentam uma capacidade mental específica, que circuitos são ativados quando da percepção de certas sensações, como a memória funciona, de que modo se integra a informação de diferentes sistemas cognitivos etc. *Árduo* seria explicar como esse conjunto coordenado de estados cerebrais dá lugar a uma experiência subjetiva, a esse *eu* que vive, em primeira pessoa, experiências sublimes e difíceis de definir por meio de palavras. Afinal, saber como funcionam os mecanismos de determinada experiência não é o mesmo que *ter* essa experiência.

Chegaremos um dia a ter o mapa de cada estado mental possível, com seu respectivo estado de atividade cerebral? Isso seria suficiente para explicar os fenômenos subjetivos da consciência? É quase consensual que cada um dos fenômenos que constituem a mente se apoia em substratos neurológicos concretos (padrões de atividade em circuitos específicos do cérebro); se, porém, esses padrões de atividade *bastam* para gerar um estado mental subjetivo de consciência é muito mais controverso. É difícil aceitar que uma massa de tecido nervoso altamente desenvolvido seja a sede desse maravilhoso mundo interior cuja riqueza nos assombra dia após dia. Somos reticentes em adotar uma visão tão materialista, pois de alguma maneira pressentimos que ela é insuficiente.

No entanto, a mesma objeção poderia ser feita em outras esferas: como é possível que a mera sucessão de 27 letras, combinadas de modos diversos, dê lugar a um poema que nos emociona até nos fazer chorar? Que algumas cordas vibrando produzam nossa música favorita? Que certas manchas de tinta deem forma ao cão cuja cabeça surge da areia no quadro de Goya? A depender do ponto de vista, não temos senão isto: letras, vibrações, manchas... Todavia, trata-se de muito *mais*. Se formos capazes de distinguir bem cada nível, cada plano, poderemos avançar na compreensão do problema. Caso só fôssemos capazes de ver as manchas, sem nos afastar o suficiente para contemplar o quadro, precisaríamos de um grande ato de fé para nos convencer da existência de um quadro e, portanto, de um pintor. Uma pulga que caísse na superfície do quadro veria traços e manchas; percorreria a região e talvez percebesse as cores, sabores ou cheiros da pintura; no entanto, a imagem completa que dá sentido à obra ficaria necessariamente fora de seu alcance. E, quando digo *fora*, não me refiro a uma questão de distância, pois, mesmo que a pegássemos e nos afastássemos o bastante para apreciar a pintura inteira, a pulga seria incapaz de estimar sua beleza ou até mesmo de ver quadro algum: seus sistemas visuais e cognitivos não lhe permitem isso.

Essa é exatamente a situação em que nos encontramos com relação à natureza. Vemos as manchas dessa evolução suja que caminha às cegas, e nada parece indicar que exista outro plano no qual ela tenha significado. Não podemos nos afastar o suficiente para vê-lo, não podemos chegar a esse nível. Para isso, teríamos de penetrar na mente divina.

Não sei se um dia a neurociência explicará satisfatoriamente a espiritualidade humana. Nos dias atuais isso parece improvável, mas não podemos descartá-lo porque a história recente testemunhou problemáticas semelhantes. Um dos pais da genética, William Bateson, julgava inconcebível que um fenômeno tão fascinante e sofisticado como a herança tivesse base puramente material, que os genes (termo que ele mesmo cunhou) não fossem mais que uma *simples* molécula. Durante o debate suscitado em torno da questão, ele chegou a escrever:

Achar que as partículas de cromatina, indistinguíveis entre si e, de fato, praticamente homogêneas, possam conferir por sua natureza material todas as propriedades da vida ultrapassa os limites até do mais convicto materialismo.

Quarenta anos depois, Watson e Crick descobriram a estrutura do DNA – e o resto, como se costuma dizer, é história. Portanto, talvez um dia nosso conhecimento dos processos cerebrais venha a ser tão profundo que se poderá vislumbrar a solução para um problema *difícil* da consciência (e, naturalmente, também para os fáceis).

Como o leitor já percebeu, a intenção deste longo preâmbulo é introduzir o tema que venho mencionando a todo momento neste livro. Na verdade, pode-se dizer que os capítulos precedentes são uma preparação a ele. Trata-se do tema da evolução do homem, que no fundo se reduz ao problema do surgimento da mente humana, sede dessa dimensão espiritual que se designa com a palavra *alma*. Como surgiram todos esses fenômenos mentais que acabamos de descrever? De um processo puramente natural? Deus interveio diretamente? Esse é, sem sombras de dúvida, o principal obstáculo para o fiel que se depara com o fato da evolução.

O ensinamento católico, nesse ponto, não entra em muitos detalhes; costuma resumir-se à afirmação um tanto genérica de que Deus infunde a alma, isto é, insufla o sopro de vida mediante o qual os seres humanos adquirem sua dimensão espiritual. Como se interpretam essas expressões é outra questão, dado que há opiniões variadas. Em 1950, Pio XII escreveu – no célebre ponto 36 da encíclica *Humani generis* – que «as almas são diretamente criadas por Deus». No entanto, quarenta anos depois, no

Catecismo da Igreja Católica, lemos que «alma significa o princípio espiritual no homem». Porventura essa dimensão espiritual se equipararia aos fenômenos cognitivos e emocionais que constituem o ser subjetivo de uma pessoa, sua mente? Como Deus teria criado *diretamente* isso?

Crucial para responder a essas perguntas é a compreensão correta da relação entre matéria e espírito. Com muita frequência se acudiu à *solução* um tanto ingênua de dizer que «a evolução cria o corpo e Deus, a alma», mas isso não satisfaz a ninguém que leve realmente a sério o ser humano como unidade pessoal. Nesse sentido, Joseph Ratzinger, em texto já mencionado, propõe considerar a matéria como «um momento na história do espírito». Segundo esse ponto de vista, pode-se sustentar que o espírito foi criado por Deus, mas que ao mesmo tempo apareceu sob a forma de evolução. «Se existe algo que não podemos entender como uma atividade artesanal por parte de Deus», prosseguia Ratzinger, «é a criação do espírito. Se criação é equivalente à dependência do ser, criação especial é dependência especial». Sob essa perspectiva, podemos voltar agora à ideia a que me referi no primeiro capítulo deste livro: à noção de que é impossível compreender o modo divino de atuar. Tomados por essa convicção, se esfumaçam muitas das barreiras que nos impedem de aceitar que Deus estava criando enquanto a evolução originava o ser humano. O problema é que isso exige uma fé forte e profunda, um salto que nem sempre é fácil dar. Afinal, implica aceitar que processos puramente naturais deram forma a esse cérebro especialíssimo, dotado de uma atividade tão sofisticada que é capaz de sustentar o espírito humano.

A essa altura, portanto, parece ter chegado o momento de se perguntar pela história evolutiva desses módulos mentais tipicamente humanos e dos circuitos cerebrais em que residem. Para chegarmos a uma resposta, o mais óbvio estaria em ver o que ocorre no resto dos animais, sobretudo naqueles que revelam comportamentos mais próximos aos do ser humano. A primeira coisa que chama a atenção é que os substratos neurológicos sobre os quais emerge a consciência já estão presentes em muitos ramos do reino animal, mas especialmente no cérebro de vertebrados, desde algumas formas mais primitivas em répteis e pássaros até configurações muito mais elaboradas em mamíferos e primatas.

Isso leva necessariamente à pergunta em sentido contrário: se esses circuitos cerebrais já estão presentes em outros animais, talvez eles tenham uma forma mental mais rudimentar ou certos estados de consciência. Infelizmente, isso não é nada fácil de se comprovar, uma vez que os animais não têm linguagem com a qual possam nos explicar o que está passando em suas cabeças. Wittgenstein já dizia que, se um leão pudesse falar, não o entenderíamos porque o tipo de experiência subjetiva que deve ter nos é totalmente alheio. E, já em 1974, Thomas Nagel se aprofundou no problema num famoso artigo intitulado «O que se sente quando se é um morcego?», chegando à conclusão de que nunca poderemos sabê-lo com certeza.

De todo modo, durante as últimas décadas, os cientistas muito se esforçaram para tentar penetrar na cognição animal e nos substratos cerebrais que a sustentam. O que tradicionalmente se havia chamado *etologia*, ou estudo do comportamento animal, deu lugar à disciplina científica conhecida como *cognição evolutiva*, cujas técnicas experimentais cobrem todo o espectro que vai da psicologia à neurociência comparada. Mais uma vez, pedirei ao leitor que se contente com um resumo da imensa quantidade de dados gerados nesse campo nos últimos anos; os que estiverem interessados em se aprofundar nesse terreno têm, à sua disposição, magníficas obras de pesquisa e grande quantidade de material disponível na internet – por exemplo, uma palestra ministrada no TED Talks por Frans de Waal, uma das figuras de maior destaque nesse campo. Ele escreveu uma série de livros, cuja leitura é fascinante, em que narra os anos que dedicou à análise do comportamento de chimpanzés e outros animais.

Vejamos alguns exemplos. Diante de diversos testes que exploram atividades como a memória ou a aprendizagem do uso de ferramentas, os chimpanzés respondem como uma criança de dois anos e meio. Esses mesmos símios – e também as abelhas, como recentemente se demonstrou – têm grande habilidade para reconhecer rostos (não os humanos, é claro, mas os de seus congêneres). Por outro lado, quando se trata de habilidades sociais, como aprender algo de outras pessoas ou seguir indicações gestuais, as crianças claramente superam os símios. Não obstante, os babuínos (um tipo de macaco africano) vivem em colônias numerosas e estabelecem uma hierarquia social bastante elaborada, de tipo matrilinear e com castas delimitadas. Essa organização social exige que se reconheça cada membro da colônia por seu rosto, sua voz ou seu cheiro. Eles são capazes até mesmo de prever como se comportarão os demais membros da colônia segundo a posição que ocupam na hierarquia, e isso ainda que sua aparência física tenha mudado. Uma tal inteligência social é ditada por regras de comportamento. O que chama a atenção é que isso se estabeleça mesmo na ausência de linguagem.

Num dos vídeos que mais fazem sucesso entre meus alunos, aparecem dois chimpanzés que devem se pendurar numa corda, um de cada vez, para se aproximar de uma bandeja com comida. Quando um deles, que já se alimentara, demonstra pouco interesse na tarefa, seu companheiro faminto lhe toca o ombro e o incentiva a continuar ajudando. Essas formas básicas de cooperação são imprescindíveis para tornar possível a vida social característica (e muito mais elaborada) das comunidades humanas. O famoso psicólogo Michael Tomasello, que durante anos comparou o comportamento de símios e crianças, chegou à conclusão de que nossa espécie é a única capaz de compartilhar determinada intenção em prol de um objetivo comum: «É inconcebível que um dia vejamos dois chimpanzés carregando um tronco». Ainda assim, compreender profundamente a cooperação nos animais e conhecer os substratos neuronais que a tornam possível pode servir como guia para entendermos o aparecimento da capacidade humana da ajuda mútua e, muitas vezes, desinteressada.

De fato, não se pode crer que a extraordinária habilidade de cooperação dos humanos tenha aparecido do *nada*, pois existem formas de cooperação um tanto notáveis em muitos animais. O comportamento autenticamente cooperativo (e não a mera coordenação social de um rebanho de ovelhas) exige que se entenda a intenção (não posso cooperar com alguém se não souber o que ele quer) e que se preveja o que o outro vai fazer, para assim direcionar a própria conduta à consecução do objetivo comum. Isso pode parecer simples, mas as crianças demoram meses para conseguir isso: estudos demonstram que os pequenos entendem a intenção alheia entre os doze e dezoito meses de idade. Já nessa idade, oferecem ajuda de maneira espontânea e desinteressada num leque amplo de situações, algo que não acontece entre os chimpanzés.

Em seu último livro (até o momento), Frans de Waal conta a história de Lisala, chimpanzé que vive numa reserva perto de Kinshasa. Certo dia, uma pesquisadora observou Lisala pegando do chão uma pedra de cerca de cinco quilos e a levantando até os ombros, ao mesmo tempo que transportava uma cria pendurada nas costas. O animal caminhou assim durante dez minutos, fazendo apenas uma pausa para, deixando a pedra de lado, pegar do chão umas nozes de palma, ao que voltou a carregar a pedra e continuou seu caminho. Ao chegar aonde queria, uma grande superfície de rocha dura, deixou sobre ela a pedra (e a cria) e, usando-a como martelo, começou a quebrar as nozes. É difícil explicar esse comportamento sem reconhecer uma capacidade bastante notável de planejar ações, de idealizar algo que acontecerá num lugar distante por meio de uma ferramenta que processará um alimento que ainda deve ser encontrado. Quando começou, Lisala tinha em mente tudo o que se propunha a fazer. Essa habilidade de realizar uma *viagem mental*, como se costuma dizer, não se desenvolve em bebês humanos antes dos seis meses de idade; experimentos revelam que apenas por volta dos 23 meses as crianças começam a prever atividades futuras baseando-se em experiências passadas.

Outro elemento fundamental para a vida social é a *empatia*, a capacidade de adivinhar o que os outros querem ou necessitam a fim de ajudá-los nessa tarefa, ou ainda de ver se sofrem no intuito de oferecer-lhes consolo. Entre os chimpanzés, por exemplo, é comum que, depois de uma briga, alguém venha consolar o que se saiu mal. De fato, são abundantes, no reino animal, os casos que recordam a capacidade de adotar um «ponto de vista empático» – alguns bastante espetaculares em símios, elefantes ou golfinhos. Uma boa mostra disso vem do documentário *Espiões da natureza*, no qual robôs extraordinariamente bem camuflados, com câmeras nos olhos, registram o comportamento normal, cotidiano, de diversos animais. Uma das cenas mostra o que faz uma colônia de langures (macacos que vivem na Ásia) após um filhote-robô aparecer «morto» no meio da colônia. O resto do bando rodeia o cadáver, uma fêmea o toma nos braços para comprovar se está vivo ou não, outras crianças abraçam suas mães, que parecem consolá-las... Os pesquisadores mencionam sinais de luto: talvez seja um exagero ou uma forma analógica de expressão, mas claro fica que o comportamento empático que caracteriza o ser humano tem também raízes muito antigas.

Frans de Waal compilou exemplos de chimpanzés que enganam os outros para que não lhes seja tirada a comida que haviam guardado; de fêmeas que resolvem conflitos à maneira salomônica: partindo ao meio o galho pelo qual dois chimpanzés jovens lutavam e dando uma metade a cada um; ou de machos que carregam sobre as costas a cria de uma fêmea manca. E o que dizer do surpreendente senso de equidade dos macacos capuchinhos? Numa de suas palestras, de Waal o demonstra claramente mencionando como certa pesquisadora ofereceu recompensas a dois macacos que estavam em jaulas separadas, mas à vista um do outro. Para obter a recompensa, cada macaco devia entregar à pesquisadora uma pedrinha; o problema é que um dos macacos recebia sempre uma uva (eles adoram uvas), enquanto o outro ganhava uma rodela de pepino (que não é tão agradável a um macaco capuchinho). Ao ver o distinto tratamento a que era submetido, a reação desse macaco foi surpreendente: jogou o pepino contra a pesquisadora, agitou o plástico que o separava das uvas, verificou se sua pedra tinha algum defeito, ficou bravo, protestou... Só lhe faltou gritar: «Isso não é justo! Eu faço a mesma coisa que o outro! Só que para ele você dá uva e, para mim, esse pepino asqueroso». Não lhe era possível dizer isso em palavras, é claro, mas talvez sua atitude tenha sido a forma encontrada para expressá-lo. De todo modo, a experiência demonstra que esse fino senso de justiça se faz presente, ao menos de forma rudimentar, num amplo leque de primatas não humanos.

A ideia que eu gostaria de transmitir, para concluir este capítulo, é a de que não podemos achar que nossa mente, consciência, espírito ou alma é uma coisa – uma espécie de *nuvenzinha*, uma substância – separada que subitamente surgiu sobre a Terra com o aparecimento dos primeiros seres humanos. Hoje em dia é inegável que os substratos neurológicos sobre os quais se assenta a consciência têm uma história muito antiga no reino animal. Isso faz bastante sentido se recordamos que evolução é exploração, uma incansável busca de novas soluções. Nesse contexto, não há nada de estranho no fato de todas as habilidades cognitivas necessárias para a vida social – a cooperação, a empatia, a equidade, o planejamento, a viagem mental, a fabricação de ferramentas ou a comunicação simbólica – terem sido *experimentadas* repetidas vezes ao longo da história evolutiva.

O resultado dessas trajetórias é o que vemos hoje em dia em outros animais: um esboço, um indício, um rudimento de mente e de consciência. Nos humanos, isso deu lugar a algo especial, pois do contrário os pássaros estariam escrevendo livros sobre a evolução ou os chimpanzés estariam discutindo sobre o comportamento de Frans de Waal. Algo ocorreu, entre todas essas espécies que tentaram desenvolver a consciência, numa trajetória evolutiva concreta. Lembremo-nos da metáfora da paisagem, com todos os caminhos que os recém-chegados vão tomando; nossa espécie representa a única trajetória que conduziu a um cérebro capaz de abrigar a espiritualidade que nos caracteriza. Sabemos, porventura, como se deu esse itinerário evolutivo?

Boa pergunta. Essa é, afinal, a última questão a que vamos tentar responder.

O fenômeno humano

Há muito tempo faço uma excursão anual com meus alunos para visitar o sítio arqueológico da Serra de Atapuerca e o Museu da Evolução Humana de Burgos. No museu, há uma peça que chamou muito a minha atenção quando a vi pela primeira vez, pois se trata da réplica de uma descoberta arqueológica bastante conhecida: um fragmento de osso de elefante com a forma de uma lâmina de faca, gravada com várias linhas retas paralelas. Parece não haver dúvida de que o desenho foi realizado intencionalmente, talvez com finalidades decorativas (houve quem o interpretasse como uma forma de calendário). Todavia, o extraordinário é que o original, encontrado num sítio arqueológico em Bilzinsleben, na Alemanha, possui entre 350 mil a 400 mil anos de idade. Nessa época, viviam na Europa os ancestrais dos neandertais, conhecidos habitualmente como *Homo heidelbergensis*. Se esses pré-neandertais já possuíam uma mente capaz de criar certo tipo de arte ou de elaborar representações abstratas relativamente sofisticadas, é difícil defender que não eram humanos. Seus descendentes neandertais, com efeito, viriam a pintar figuras geométricas nas paredes das grutas, como recentemente se demonstrou numa caverna da Cantábria em que se descobriram pinturas datadas de 65 mil anos atrás (cerca de vinte mil antes de os humanos modernos chegarem à Península Ibérica).

«O homem veio ao mundo silenciosamente», escreve Teilhard de Chardin em seu *O fenômeno humano*. O famoso paleontólogo francês usa essa imagem a fim de corroborar que é difícil – quiçá impossível – determinar com certeza quem foram os primeiros homens, uma vez que o único modo de saber se tinham uma cognição passível de ser dita humana é analisando o rastro que deixaram, isto é, sua cultura. E, quando encontramos esse rastro, muito tempo já transcorreu, provavelmente milhares de anos, desde sua autêntica origem. Vemos o final do ramo da árvore, mas não os segmentos iniciais que esse ramo assumiu depois de se separar de todos os demais. Vemos o fim da trajetória evolutiva, as últimas tramas da subida à colina de nossa paisagem, mas não os primeiros passos da escalada. Como em tantas outras espécies, uma população periférica submetida a forças concretas acabou por se desgarrar do grupo e, mediante a seleção e a deriva genética, acumulou modificações em seus sistemas de desenvolvimento embrionário e mudanças mais drásticas em seu genoma; do mesmo modo, valeu-se de exaptações a fim de solucionar os novos obstáculos que se iam apresentando. Explorando e buscando, terminou se convertendo no galho que hoje figura na copa da árvore. No entanto, a imensa maioria desses *primeiros passos* permanecerá oculta para sempre.

Por essa razão, é muito difícil deduzir o tipo de cognição, de mente e de espiritualidade que os autores de determinada cultura tinham, uma vez que as manifestações culturais vão se desenvolvendo paulatinamente, pouco a pouco. Isso é lógico, mas nos faz voltar ao problema de que, nesse caso, a mente, a espiritualidade, também teriam aparecido de maneira gradual. Já insisti em que é pouco produtivo deixar-se obcecar com o termo *gradual*, mas de todo modo é importante levar em consideração que os avanços culturais seguem uma dinâmica própria e nem sempre estão necessariamente associados a lucros cognitivos da mesma magnitude. Com efeito, os homens de Cro-Magnon realizaram pinturas rupestres impressionantes há trinta mil anos, mas não compunham sinfonias nem programavam computadores; ao mesmo tempo, já tinham um cérebro tão grande como o nosso (alguns inclusive maiores), com os mesmos circuitos neuronais que os seres humanos do século XXI. O impressionante desenvolvimento cultural e tecnológico dos últimos milênios não foi acompanhado de ganhos equivalentes na arquitetura de nosso cérebro.

A cultura costuma ser definida como a transmissão diferencial e cumulativa de tradições características de grupos concretos, e só pode ser gerada caso exista a capacidade de imitar o que os outros fazem e caso se reconheça a finalidade para a qual se dirigem os demais membros da comunidade; se for possível compartilhar a atenção e cooperar em tarefas comuns; e se houver uma elaboradíssima trama de relações sociais, dotada de normas de comportamento e facilitada por uma forma sofisticada de comunicação simbólica, bem como por uma grande rede semântica compartilhada. Portanto, se os neandertais ou os *Homo heidelbergensis* foram capazes de criar certo tipo de cultura, talvez já possuíssem essas habilidades cognitivas, embora não se tratasse de nossos ancestrais diretos, e sim de um galho colateral de nossa árvore que acabou se extinguindo. Da mesma forma, se o *Homo erectus* desenvolvera algo que podemos chamar de cultura um milhão de anos antes, é possível que tivesse um cérebro capaz de sustentar uma mente ou espiritualidade humana, a qual não chegava a se manifestar com a riqueza do *Homo sapiens* atual.

Prometo que esta é a última vez que peço ao leitor que confie em mim e me permita resumir, em poucos parágrafos, a enorme bibliografia que há sobre o tema. Afinal, para o propósito deste livro, importa mesmo o quadro geral que resulta de todas as pesquisas realizadas até o momento. Com efeito, o núcleo do processo de surgimento do fenômeno humano poderia ser resumido assim: as circunstâncias ecológicas em que viviam alguns hominídeos africanos favoreceram formas novas de cooperação, que por sua vez exigiam novas capacidades cognitivas e modos de comunicação mais sofisticados. Das muitas tentativas de aceleração cognitiva, uma deu certo, enquanto as demais acabaram ficando pelo caminho: na maioria – os macacos e símios atuais –, o avanço foi limitado. Em outros grupos, essas capacidades se desenvolveram em grau diverso durante os últimos três milhões de anos. Elas respondem pela grande diversidade de hominídeos que os registros fósseis nos apresentam. Desses hominídeos, uma linhagem evolutiva em particular experimentou uma excepcional aceleração das capacidades cognitivas. Esse é o ramo que inclui todos os humanos modernos.

Vejamos esse longo processo mais de perto. O ponto de partida esteve num primata bípede e encefalizado, ou seja, num símio que costumava caminhar ereto e que possuía um cérebro maior do que corresponderia ao seu tamanho corporal. O andar bípede já foi considerado um ponto crucial e quase exclusivo da linhagem evolutiva humana; de fato, segundo a narrativa clássica, as patas dianteiras, uma vez livres, se teriam convertido em mãos, o que acabaria por acelerar o desenvolvimento da mente e da espiritualidade. Hoje, contudo, sabemos que não existe relação tão direta, pois em diferentes lugares do planeta foram encontrados fósseis de primatas que já eram bípedes muito antes de os primeiros hominídeos aparecerem. Isso se encaixa muito bem em nosso processo exploratório: talvez o bipedismo tenha sido o primeiro passo dado por muitas das trajetórias que percorriam essa paisagem evolutiva, uma pré-adaptação que se mostraria muito útil, mais à frente, a alguns desses grupos.

A segunda característica, como mencionei, foi a tendência ao aumento cerebral, isso que se conhece como *encefalização*. Nos primatas, há uma correlação bastante clara entre o tamanho do cérebro e o número de indivíduos que formam os grupos sociais de cada espécie, e por isso muitos cientistas acreditam que a notável expansão cerebral dos primatas se explica precisamente pela necessidade de desenvolver habilidades cognitivas capazes de administrar redes sociais amplas. Nesse contexto, as circunstâncias ambientais podem ter desempenhado um papel determinante, pois se sabe que o clima esteve sujeito a variações bastante drásticas durante o Pleistoceno, período que vai aproximadamente de 2,5 milhões a doze mil anos atrás. Portanto, nesse contexto de variação climática, a facilidade para modificar os programas genéticos do desenvolvimento embrionário e gerar cérebros cada vez maiores e interconectados teria resultado em grande vantagem, numa exaptação que realmente faria a diferença. Em outras palavras, as necessidades de organização social e os novos dilemas de cooperação ditados pelas mudanças climáticas só encontraram resposta em grandes símios africanos que haviam desenvolvido a capacidade de andar eretos e de aumentar sua complexidade cerebral.

No entanto, bipedismo e encefalização são a receita perfeita para o desastre. A biomecânica do andar bípede provoca um estreitamento da pélvis e, portanto, do canal de parto. Somem-se a isso bebês com cérebros anormalmente grandes e teremos nascimentos difíceis e uma alta taxa de mortalidade. Nas trajetórias evolutivas dos chimpanzés e grandes símios, esse conflito não aconteceu: por não serem totalmente bípedes nem muito encefalizados, o canal de parto deixa grande folga para a passagem do feto. Muitas das tentativas evolutivas da trajetória humana, por sua vez, provavelmente fracassaram por esse motivo. Apenas uma estratégia, uma solução, uma trajetória, alcançou esse pequeno – ou não tão pequeno – cume: a de atrasar o período de maior crescimento cerebral até depois do parto. Ínfima à primeira vista, essa modificação no programa de desenvolvimento embrionário da linhagem humana teve consequências gigantescas, dado que os bebês acabavam por nascer em estado extraordinariamente imaturo – e isso, como é lógico, impunha sério problema à sobrevivência do grupo. Todavia, como sói acontecer, o que era uma ameaça se converteu em oportunidade para que o inesperado entrasse em cena.

De fato, a presença de crias que demoravam meses para se virar sozinhas – dado que o crescimento e o amadurecimento final de seu cérebro haviam se atrasado durante a gravidez – exigia uma série de desafios que só poderiam ser superados por meio de uma organização social e de certas formas de cooperação que eram muito mais sofisticadas do que jamais se vira entre os grandes símios. Uma primeira consequência de tais mudanças foi o aparecimento dessa *infância* inicial em que as crias necessitam de cuidados especiais por parte dos pais e de outros membros do núcleo familiar, como avós ou tios. Com efeito, o grande primatólogo japonês Tetsuro Matsuzawa, que dedicou anos à comparação entre a cognição de chimpanzés e humanos, acredita que a grande inovação a nos tornar humanos foi – por incrível que pareça – a posição de *barriga para cima* tão característica dos bebês de nossa espécie. Em chimpanzés e outros símios grandes, qualquer cria deixada no solo de barriga para cima vira-se de bruços por reflexo; as crias humanas, por sua vez, durante os meses anteriores ao momento em que começam a engatinhar, têm como posição característica a barriga para cima. Essa postura permite um tipo de interação muito especial e intensa com a mãe e com os outros membros do grupo que se encarregam de seus cuidados. Essas primeiras creches traziam um modo de estimulação cognitiva totalmente inédito no mundo dos primatas.

Nesses hominídeos bípedes e encefalizados, dotados de relações sociais complexas e modos de cooperação elaborados, nos quais as crias, estimuladas muito precocemente, passam por um longo processo de amadurecimento e aprendizagem, a transmissão de conhecimentos e habilidades mediante a imitação e a instrução estaria em posição muito favorável. Isso seria imprescindível, por exemplo, para possibilitar os primeiros avanços tecnológicos, como a fabricação de ferramentas de pedra. Não sei se algum leitor intrépido já tentou fabricar um machado com esse material, mas está longe de ser tão simples como parece: requer uma destreza manual que nenhum primata atual possui! Além disso, é necessário formar a imagem mental da ferramenta, aprender a fabricá-la olhando como o outro faz, corrigir erros, inovar... Em todo caso, os primeiros *homines* as faziam com bastante facilidade, obtendo também lascas finas, afiadas e cortantes que se desprendiam a cada golpe. Essas lâminas lhes permitiram aprimorar muito o consumo de carne e, assim, o aporte de proteínas que seus grandes cérebros exigiam.

Partindo daí, em pouco mais de um milhão de anos abriu-se caminho para uma tecnologia nova: a acheuliana, caracterizada por machados grandes em forma de pera e entalhados de ambos os lados. O hominídeo que as fabricava, o *Homo erectus*, teve um sucesso extraordinário: com um cérebro entre oitocentos e mil centímetros cúbicos (o nosso tem cerca de 1300), ele saiu da África e se espalhou por toda a Eurásia em pouco mais de cem mil anos, chegando inclusive a colonizar ilhas remotas. Suas capacidades cognitivas eram, desde o início, muito avançadas. Por exemplo, estudos recentes revelaram que os circuitos cerebrais ativados durante a fabricação de ferramentas acheulianas são os mesmos que empregamos para atividades assaz criativas, como tocar piano. O *Homo erectus* cuidava dos doentes, dominava o fogo, ensinava a fabricar ferramentas... Foi, também, o primeiro hominídeo a experimentar certa explosão demográfica. Isso, para muitos pesquisadores, sugere que possuía um sistema de comunicação simbólica sofisticado, uma protolinguagem com campos semânticos bastante elaborados.

Essa talvez tenha sido a última das grandes exaptações ou pré-adaptações de nossa história evolutiva. Muitos dos leitores conhecem aquele jogo em que alguém tem de conseguir que sua equipe adivinhe o título de um filme sem falar, apenas usando gestos. À parte as risadas que gera por causa de algumas confusões, a comunicação gestual funciona muito bem; se, além disso, vier acompanhada de grunhidos ou sons que imitem o troar ou rugir de um leão, há poucas coisas que não se possa dizer. Uma vez desenvolvidos os substratos neurológicos da comunicação gestual simbólica, o salto rumo a uma linguagem extraordinariamente flexível, dotada de sintaxe, gramática e um léxico complexo, já estava a caminho.

«Não me ouvirão dizer algo assim com muita frequência, mas penso que somos a única espécie linguística», escreve Frans de Waal. E continua: «Ironicamente, o imenso esforço que se fez para encontrar linguagem fora de nossa espécie nos levou a perceber que a capacidade da linguagem é algo muito especial». Entre outras coisas, ela exige mecanismos de aprendizagem muito elaborados, graças aos quais uma criança de dois anos torna-se muito superior linguisticamente a qualquer outro animal. Sabemos que a última reinvenção da humanidade teve lugar (na África, é claro) há trezentos mil anos. Quando, duzentos mil anos depois, esses antepassados abandonam o continente, já levam consigo uma linguagem simbólica complexa e composicional, capaz de representar um número praticamente ilimitado de significados. Como se deu essa inovação, talvez a última das grandes novidades de nossa trajetória evolutiva?

O arqueólogo Steven Mithen propôs, há alguns anos, o modelo da mente humana conhecido como «modelo catedrático». Segundo o pesquisador, os pilares cognitivos que dão forma à mente humana seriam, em nossos antepassados mais antigos, como as capelas que rodeiam a abside de uma catedral. De início, nos primeiros hominídeos, elas se encontrariam separadas por muros infranqueáveis. À medida que esses grupos melhoravam suas estratégias de sobrevivência e experimentavam certo aumento demográfico, apresentavam-se novas demandas sociais que só podiam ser resolvidas com uma cognição mais avançada – novas capelas surgiam ou ampliavam-se as existentes. Todavia, quando o *Homo sapiens* moderno apareceu, algo especial aconteceu, como se os muros que separavam as capelas tivessem sido derrubados para dar lugar ao grande espaço interno da catedral.

Essa *derrubada* serve como metáfora da fluidez cognitiva alcançada nas últimas fases de nosso trânsito pela paisagem evolutiva, fruto de uma nova reestruturação dos processos de desenvolvimento embrionário e fetal do cérebro. Entre outras inovações, estabeleceu-se o que os pesquisadores denominam *alça fonológica*, um tipo especial de memória que permite reter sons na cabeça, brincar com eles, imaginar palavras. No magistral resumo de Francisco Aboitiz, foi a intensa e sofisticada vida social, ao lado de uma cultura alicerçada na fabricação de ferramentas e em circunstâncias ecológicas específicas, o que selecionou formas cada vez mais complexas de vocalização e capacidade gestual. Ao se consolidar gradualmente a alça fonológica, essa dinâmica gerou um círculo vicioso, até alcançar um patamar depois do qual o processo *explodiria* em nossos ancestrais recentes. O *Homo sapiens* anatomicamente moderno que sai da África cem mil anos atrás já possui a incrível ferramenta da linguagem e, com ela, as histórias em volta da fogueira, as tradições orais, a analogia, a metáfora, a capacidade de imaginar mundos...

Ao final de toda essa exploração, encontramos algo extraordinário: a cultura se *externaliza*. Já não é necessário que cada geração reinvente tudo do zero, pois somos uma espécie caracterizada sobretudo pela aprendizagem. Com uma infância anormalmente longa, surge um espaço para a instrução, a educação; graças a essa estratégia, um novo membro do grupo pode adquirir em pouco tempo os conhecimentos e as habilidades acumulados pela comunidade durante muitos anos. Isso, por sua vez, assenta as bases para que o progresso cultural se dê cada vez mais rapidamente.

Nesse ponto, a evolução sofre uma transformação curiosa. Ela adquire um caráter tipicamente *lamarckiano*. As inovações biológicas que tornaram a mente possível e que foram alcançadas com tanto esforço pelos mecanismos biológicos deram lugar a um novo modo de evolução: a evolução cultural, capaz de avançar a uma velocidade inalcançável por processos puramente naturais. Tudo o que uma geração aprende, transmite à seguinte mediante a escritura e a tradição oral; agora, sim, graças à tecnologia e à cultura, os caracteres adquiridos são transmitidos.

Num milésimo de segundo da história cósmica, nós transformamos a superfície do planeta sem ter mudado substancialmente nossa constituição genética. O *Homo erectus* subsistiu durante 1,5 milhão de anos graças a uma tecnologia precária, apresentando somente um discreto aumento de seu tamanho cerebral. Desde seu aparecimento, o *Homo sapiens* moderno progrediu desde as cavernas de Altamira até o iPhone sem nenhuma modificação significativa de seus circuitos neurológicos. Isso simplesmente não é necessário – na realidade, nosso cérebro está se tornando menor.

Até agora, não mencionei nada relativo às mudanças genéticas que tornaram possível essa reestruturação do desenvolvimento cerebral na evolução dos hominídeos. Não é aqui o lugar para isso, embora os últimos anos tenham testemunhado avanços realmente espetaculares. Por exemplo, identificou-se no genoma humano um *interruptor* genético que pode aumentar, por si só, o tamanho do cérebro de ratos de laboratório em até 12%. A versão desse mesmo interruptor no chimpanzé, por sua vez, não surte efeito nenhum, apesar de só se distinguir da humana em dezessete letras. Estudaram-se também algumas daquelas duplicações de que falamos antes, com especial atenção dada às que se fazem presentes apenas no genoma humano; algumas são também responsáveis por acelerar os processos de desenvolvimento do cérebro, tendo aparecido em nosso genoma nos últimos dois milhões de anos, junto com inovações cognitivas fundamentais. Observou-se, ademais, que a versão moderna do famoso gene da linguagem, chamado $FOXP_2$, surgiu há pelo menos duzentos mil anos e já estava presente em nossos primos neandertais. E há ainda uma série de mudanças, grandes e pequenas, a maioria ainda por descobrir, que foram permitindo à nossa espécie adentrar a paisagem evolutiva, gerando trajetórias diversas.

Desse modo, explorando às cegas, o homem chegou ao mundo sem fazer barulho nenhum. Teilhard de Chardin foi o primeiro a utilizar o termo *hominização* para designar essa longa peregrinação; teve também a magnífica intuição de compará-la à infância. Falamos com frequência do uso da razão a que as crianças chegam por volta dos sete anos de idade. Parece que, antes desse momento, elas ainda não são totalmente racionais, e por isso não lhes exigimos responsabilidade moral. Chega, no entanto, um momento da vida em que adquirem essa capacidade de deliberar e decidir, e aí começam a construir a própria história.

A criança, pois, se torna *racional* e se converte em ser moral. Algo se alterou nessa mente, nos processos cognitivos que a sustentam; a mudança foi se forjando durante determinado tempo, mas chegou silenciosamente, sem fazer barulho. Foi questão de horas, de dias, talvez de meses? É impossível precisar, mas os pais e educadores sabem perfeitamente que nessa criança está ocorrendo uma transformação. De modo semelhante, os últimos dois milhões de anos de evolução humana prepararam nossa irrupção final na história do cosmos. De modo semelhante, os últimos dois milhões de anos de evolução humana prepararam o momento de nossa irrupção final na história do cosmos. É inútil buscar um instante preciso, e muito provavelmente nunca chegaremos a saber os detalhes exatos do que aconteceu. A pergunta «Quem exatamente foi o primeiro ser humano?» é irrelevante, uma vez que é impossível respondê-la – assim como é impossível precisar o momento em que a criança perde a inocência e se torna maior. Quando, porque vemos manifestações claras disso, temos certeza de que a mudança se produziu, já é tarde: a *primeira* passagem dessa transição deu-se antes. Do mesmo modo, quando vemos os rastros de um comportamento *humano*, milhares de anos de infância já transcorreram em nosso perambular evolutivo. Para o fiel, o que importa de verdade é que, se Deus ama cada criança desde o primeiro instante de sua existência, muito antes de alcançada a racionalidade, também teve de amar de um modo particular, desde o início, esse ramo da árvore evolutiva, a única que, por sua vez, seria capaz de conhecê-lo, amá-lo e chamá-lo de *Tu*.

Evolução, Deus e acaso

Numa das histórias do famoso detetive criado por G. K. Chesterton, o padre Brown faz um comentário fundamental para compreendermos tudo o que se falou até o momento: «O que quero dizer é que estamos do lado do avesso da tapeçaria. O que acontece aqui parece não ter significado nenhum: só faz sentido em algum outro lugar».

A imagem utilizada é bastante conhecida: diante do avesso de uma dessas magníficas tapeçarias antigas que encontramos penduradas nos palácios reais, vemos um monte de pequenos nós. Os fios (linhas finas) que a compõem foram trançados e atados com grande habilidade, mas na parte de trás não vemos cena alguma. Além disso, para alguém que nunca tenha visto o outro lado ou que nunca tenha visto sequer uma tapeçaria, será muito difícil conceber que possa haver *algo* do outro lado, que todo esse emaranhado de fios tenha na verdade um sentido, que não estejam aí aleatoriamente, ao acaso. Em tais circunstâncias, aceitar isso exige dar um salto no vazio, fazer um ato de fé.

Se, no início deste livro, eu pedia ao fiel uma fé mais profunda e ao cético, que não se sentisse tão seguro de possuir todas as respostas, agora que chegamos perto da conclusão creio que já podemos definir melhor em que consistem esse *confiar* e esse *duvidar*. Depois do longo raciocínio que vim desenvolvendo, espero ter esclarecido qual deve ser o conteúdo do autêntico ato de fé: a crença em que toda a história cósmica tem um sentido. Em geral, não *vemos* tal sentido, mas não é esse o problema; o verdadeiro problema está em que nós jamais o veremos claramente enquanto estivermos imersos nas quatro dimensões de nossa existência material. Nós temos a capacidade de procurar o sentido, mas não de percebê-lo em toda a sua plenitude.

Quanto mais observamos o universo, mais fios encontramos. São muitos, e muito sofisticados. A grande descoberta da ciência moderna é precisamente a de que os fios têm a incrível propriedade de se atarem *por si mesmos*. A monumental conquista da evolução biológica foi dar lugar a um tipo de cognição, uma mente, capaz de gerar um sistema não genético, não biológico, de progresso rápido e baseado na transmissão do saber. Tateando, como se num explorar errático, as forças *puramente naturais* que repassamos brevemente – seleção, deriva genética, exaptações, ecologia, reestruturação de programas de desenvolvimento embrionário... – se desdobraram numa infinidade de trajetórias que foram ocupando planícies, cavidades e montanhas da paisagem evolutiva. Uma vez alcançado o cume da consciência, abriu-se um panorama novo, regido por outras regras: as da evolução cultural.

A inquietude do fiel e sua relutância em aceitar isso são compreensíveis. Se as linhas realmente se atam por si mesmas, então talvez não haja ninguém que as costure; e, se não há ninguém, talvez nem sequer haja cena a se contemplar do outro lado. Daí o esforço para *ver* em algum dos fios a *mão* do artífice, sua ação *direta*. Todavia, se trata de um esforço inútil, de uma estratégia equivocada; com efeito, se encontrássemos esses vestígios, então teríamos topado com um artífice humano – talvez um grande especialista em fios, mas alguém como cada um de nós. O artífice autenticamente divino, caso realmente mereça esse adjetivo, deveria ser capaz de dar existência a linhas que se atariam por si sós até formar – sem saber muito bem como – a cena representada do outro lado.

De todo modo, o que conseguimos ver com nitidez são as linhas se movendo e gerando uma infinidade de nós, desde um laço simples até um elegante nó náutico. E esta é também a realidade crucial que o cético deve aceitar como inexplicável: a presença de cordinhas dotadas de dinamismo próprio, numa busca constante, gerando laços – elas, sim, sem um sentido claro, dado que frequentemente parecem se mover ao *acaso*.

Penso que em toda a história do pensamento não há uma só palavra que tenha sido empregada de modo tão equivocado como a palavra *acaso*. Embora no jargão próprio da matemática e da física ela tenha um significado bastante preciso, seu uso na linguagem corrente implica algo muito distinto; e, quando empregada para descrever os processos biológicos e históricos, invocar o acaso é especialmente pernicioso. Stephen Gould, o grande evolucionista do século XX, cético declarado em relação a tudo o que é sobrenatural, notou isso com clareza:

> Nós, darwinistas, referimo-nos à variação genética, o primeiro passo, com o termo *acaso*. Trata-se de termo infeliz, pois não queremos dizer «aleatório» no sentido matemático, em que se refere a algo igualmente provável em todos os sentidos. Tudo o que queremos dizer é que a variação não tem orientação preferencial.

Ou seja, o que o darwinista quer dizer é que, se começar a fazer frio, é útil à sobrevivência ter um casaco de lã mais grosso, mas não veremos aparecer mutações que promovam a formação de mais lã, muito menos ao *acaso*. Seria bonito, seria rápido, mas não é assim que a natureza funciona. Vimos no segundo capítulo, e o repeti depois com grande insistência, que a natureza gera muitas variantes, explora inúmeras possibilidades, *esperando* que alguma delas leve a disposições mais favoráveis nas distintas condições climáticas que se vão apresentando. Mas isso não tem nada a ver com acaso.

Lembremo-nos de Chargaff dizendo que a vida é a contínua irrupção daquilo que menos se espera. Dá-se assim: uma das muitas possibilidades acaba por abrir caminho sem que saibamos muito bem o porquê, uma vez que não era aquela que estávamos esperando. No entanto, o fato mesmo de que seja inesperado já quer dizer que por trás disso há uma *lógica*, certas regras segundo as quais deveríamos esperar outra solução que não essa. Definitivamente – e isso é crucial –, não se trata de algo totalmente *arbitrário*.

A evolução é o resultado da tensão entre a variação genética e as exigências da seleção natural, e nenhum desses dois processos é realmente aleatório no sentido exato do termo. Os mecanismos do dano e da subsequente reparação do DNA que dão lugar à variação genética, por exemplo, seguem regras muito bem conhecidas. Como resultado, algumas mutações são mais prováveis que outras, e portanto não são *totalmente* aleatórias. Além disso, uma mesma mutação pode ter consequências assaz distintas para o funcionamento da célula, a depender, como bem sabem os alunos de genética, de sua situação concreta no genoma: é possível prever quais serão essas consequências porque há uma lógica. Também a seleção, como já vimos, segue regras bastante precisas, que são descritas por meio de fórmulas matemáticas. Com efeito, trata-se do processo menos aleatório de toda a dinâmica evolutiva. A deriva genética mesma, impregnada de aleatoriedade, se move dentro dos limites marcados pela variação genética, e podemos prever sua força em função das oscilações demográficas pelas quais atravessa cada população. As mudanças nas redes genéticas que controlam o desenvolvimento embrionário são cada vez mais conhecidas, e a nova biologia sistêmica se esforça por entender a lógica que as governa. Se há regras, se há uma lógica, a evolução não é algo totalmente arbitrário, algo inexplicável, fruto do *puro acaso*.

Creio que uma das maiores contribuições que poderíamos trazer para este debate estaria em propor um termo que substitua *acaso* na descrição da dinâmica das mudanças evolutivas. Por sorte, há um vocábulo bem mais oportuno e que vem sendo utilizado com frequência na literatura científica; infelizmente, porém, ainda não fez sucesso entre a grande massa de fiéis e céticos. Essa palavra é *contingência*.

Um acontecimento é contingente quando poderia ter acontecido de outra maneira ou não ter acontecido. Saímos de casa para o trabalho e nos encontramos na rua com um conhecido que nos dá uma notícia, e esse encontro inesperado muda nossos planos para aquela manhã. Andamos pelas estantes da biblioteca e topamos por acaso com o livro de que alguém havia nos falado, mas do qual nos esquecêramos por completo. Podemos pensar, ainda, em acontecimentos mais transcendentes, que talvez tenham marcado nossa vida de modo profundo porque nos levaram a ingressar em alguma carreira, a compartilhar o resto da vida com outra pessoa, a encontrar o trabalho que realmente nos faz brilhar os olhos... Cada vida é uma história de pequenos ou grandes acontecimentos que poderiam ter ocorrido de outra forma ou em momentos diferentes.

Por se tratar de uma espécie de desdobramento histórico, o processo evolutivo está sujeito a essa mesma dinâmica repleta de casualidades. Uma mudança climática que acomete uma população de pássaros numa zona concreta de certo bosque desencadeia uma trajetória evolutiva que abre um novo leque de possibilidades e, ao mesmo tempo, fecha outros. Com cada bifurcação, com cada pequena subida ou descida em nossa paisagem, algumas possibilidades ficam para trás e outras vão aparecendo. O processo é pontuado por contingências; o futuro está por ser feito e, de certo modo, é indeterminado. No entanto, trata-se de uma contingência restrita pelos passos dados anteriormente e pela lógica que governa a paisagem. Falávamos da evolução como exploração, como busca *suja*, às cegas, como uma forma de bricolagem. Todas essas são imagens que expressam o papel central da contingência na dinâmica evolutiva. Contudo, essas casualidades não são infinitas, mas acontecem dentro dos limites da paisagem em que transitamos.

D'Arcy Wentworth Thompson escreveu, em 1942, um monumental livro intitulado *Sobre o crescimento e a forma*, no qual reúne exemplos de belas estruturas naturais que se ajustam às leis da física e da matemática. Se determinadas formas evoluem repetidamente, é porque algumas trajetórias conduzem a esses pontos da paisagem com mais facilidade. Stephen Gould, que escreveu o prefácio para uma das edições da obra, explica isso de maneira eloquente: triângulos, paralelogramos e hexágonos aparecem com frequência na natureza porque são as únicas figuras geométricas que preenchem por completo um espaço sem deixar lacunas; a única curva que não muda de forma à medida que cresce é uma espiral logarítmica, de modo que a encontramos em muitas conchas; um sistema espiral que aumenta de tamanho acrescentando elementos no ápice, um a um, como nas conchas do mar, resulta numa Sequência de Fibonacci. Encontramos essas formas na natureza com muito mais frequência do que outras porque se ajustam melhor a certas leis da física e, portanto, favorecem a eficácia biológica dos organismos que as possuem. Essa conjunção entre as tendências ou restrições gerais e a contingência de cada decisão concreta é o que realmente define a evolução, não tendo relação nenhuma com o puro *acaso*.

Se a própria constituição física da natureza faz com que algumas formas tenham evoluído repetidas vezes e outras não, que *soluções* como a consciência tenham sido *experimentadas* em inúmeras ocasiões da história natural do planeta, parece claro que essas casualidades não são totalmente arbitrárias. Todavia, em seu esforço para eliminar da natureza qualquer vislumbre de sentido ou significado, Stephen Gould sublinhou excessivamente essa dimensão. Em sua *Vida maravilhosa*, o grande paleontólogo dá como exemplo o filme *A felicidade não se compra*, dirigido por Frank Capra. Nele, o protagonista tem a oportunidade de ver o que teria sido de sua própria cidade caso ele nunca tivesse nascido. Gould utiliza esse paralelo para explicar um momento evolutivo crucial de nosso planeta, conhecido como a *explosão* Cambriana: um período de cerca de quarenta milhões de anos em que a vida se diversificou muito e surgiram os planos corporais que conhecemos hoje em dia, bem como muitos outros que desapareceram em extinções subsequentes. Gould narra com maestria a história do descobrimento dos fósseis mais representativos dessa explosão de vida, concluindo com uma imagem surpreendente: se rebobinássemos a fita da vida e voltássemos a apertar o *play*, o resultado final seria totalmente distinto. Sobreviveria de novo um animal chamado *Pikaia*, ancestral de todos os que hoje possuem coluna vertebral, ou teria caído definitivamente no esquecimento – e, com ele, todos nós? Ele se dizia certo de que deixar a vida evoluir de novo durante quinhentos milhões de anos resultaria num planeta radicalmente diferente do que este que conhecemos. Eu, porém, não estou tão certo disso.

Obviamente, a questão cai no terreno da especulação. O que sabemos com toda a certeza é que muitas inovações evolutivas foram alcançadas diversas vezes; muitas trajetórias levaram, por caminhos diversos, a um mesmo pico. De fato, se, em vez de remontarmos ao Câmbrico, fôssemos a muito antes, à origem dos primeiros seres vivos, se deixássemos passar o filme de novo, acredito que seu roteiro seria muito semelhante nos pontos centrais (contanto que fossem iguais as condições ambientais do planeta). As primeiras formas de vida teriam sido seres de uma só célula, cuja única via possível de inovação estaria na multicelularidade; animais cada vez maiores apareceriam à medida que aumentasse a concentração de oxigênio e se instaurassem dinâmicas ecológicas entre presas e predadores; teriam surgido sistemas nervosos e cérebros com vistas à caça, à fuga e à camuflagem... Com muita probabilidade, teria aparecido a mente.

Uma série de detalhes seria diferente, sem dúvidas, mas as linhas básicas não mudariam, ainda que se transcorresse mais (ou menos) tempo. Não fosse assim, se realmente a vida e a consciência não passassem de acontecimentos únicos e irrepetíveis no universo, de meras casualidades, não teria muito sentido procurá-las fora de nosso planeta. Os astrobiólogos encontram um número cada vez maior de planetas com características semelhantes às da Terra (em tamanho, gravidade, densidade, temperatura, distância em relação a seus sóis...) e alimentam a esperança de que em algum deles exista vida – ao menos o tipo de vida que conhecemos – e tenha se desenvolvido uma inteligência capaz de se comunicar conosco. Se partirmos do princípio de que isso foi uma casualidade irrepetível, um golpe de sorte, essa pesquisa tem pouquíssimas chances de sucesso.

Não acredito em nada disso; creio que nosso universo de algum modo favorece o aparecimento da vida e da mente. No fundo, as contingências históricas alteram os aspectos mais ou menos acidentais da narrativa geral; pouquíssimas vezes a modificam por completo. Se *A inocência do padre Brown* não tivesse caído em minhas mãos *por acaso* num dia concreto, este capítulo não começaria com a história da tapeçaria; todavia, com certeza eu teria encontrado outra metáfora semelhante, ou mesmo lido o romance em outro momento – o que, dada a minha paixão pelo autor, é mesmo mais plausível. Se Darwin tivesse decidido, por *puro* acaso, abrir as folhas do livrinho que descrevia os experimentos de Mendel, talvez viesse a explicar sua teoria da seleção natural e iniciado a genética. Nós nunca saberemos. Porém, é também possível que, mesmo que chegasse a lê-lo, não tivesse apreciado a relevância das experiências com ervilhas nem sua possível relação com os mecanismos evolutivos, como ocorreu a outros cientistas da época. Se Bateson não lesse o trabalho de Mendel a caminho, como diz a lenda, de uma conferência na Sociedade Real de Horticultura de Londres, antes ou depois alguém teria descoberto as regras da hereditariedade; de fato, outros cientistas estavam pesquisando o tema naqueles anos, de modo que hoje poderíamos não ter nem ideia de quem foi Mendel, ao passo que as leis da hereditariedade continuariam as mesmas. Se o famoso meteorito ao qual se atribui a extinção dos dinossauros tivesse passado longe daqui 66 milhões de anos atrás, hoje não existiríamos, pois os mamíferos não se diversificariam e os primatas não teriam chegado a evoluir. Mas talvez, nesse caso, a consciência tivesse aparecido em dinossauros bípedes muito encefalizados; se parece incrível que alguns pequenos mamíferos com forma de roedor tenham dado lugar – milhões de anos depois – a primatas bípedes com uma mente capaz de gerar cultura, por que não seria possível uma trajetória semelhante a partir de répteis especialmente avançados?

A pergunta a que tentamos responder durante todo esse tempo, portanto, pode se resumir assim: é possível aceitar a ação divina no contexto de uma história evolutiva repleta de casualidades? Além disso, é possível aceitar que o desdobramento mais ou menos errático dessa história, ocorrido mediante mecanismos próprios, constitui *precisamente* a ação criadora? Se a contingência é indiscutível, se certa imprevisibilidade é real – e, em nível físico, ela certamente o é –, Deus não pode ser responsável direto por cada um dos pequenos acontecimentos materiais que compõem a história natural do planeta, de cada espécie, de cada fecundação, de cada extinção... Sua atuação deve estar necessariamente em outro plano, num nível de causalidade que não podemos compreender.

Creio ser perfeitamente possível sustentar que as linhas da tapeçaria são *realmente* autônomas em seu modo de operar e, ao mesmo tempo, ter a convicção de que do outro lado se está desenhando uma cena cada vez mais maravilhosa. Diferenciar bem esses dois planos é crucial para resolver o problema, pois do contrário o fiel se vê obrigado a aceitar que Deus é também causa direta da morte de crianças inocentes. Afinal, a insistência em que um dos fios é emaranhado demais para ter se desmanchado a si próprio, e que portanto deve existir um Deus-artífice responsável por isso, exige que esse mesmo artífice venha a enlaçar também as outras linhas retorcidas e feias que dão a esse lado da tapeçaria a aparência de um grande oceano sem sentido.

De fato, para os céticos está precisamente aí o grande atrativo de uma evolução suja e repleta de contingências: parece impossível conceber um Deus que se arrisque a criar por meio de uma longa cadeia de *casualidades*, de acontecimentos que poderiam ter acontecido de outra maneira. Deste modo, tanto o fiel quanto o cético acabam pecando pela mesma falta de imaginação, dado que não conseguem ir além do pobre conceito de ação divina como algo semelhante ao que faz um artesão ou um engenheiro que planeja cada detalhe de sua obra e a executa *sem erros*. A irrupção do inesperado parece nos deixar à mercê de um destino cego e impiedoso, no qual nada tem sentido. No fundo, tanto uns quanto os outros exigem como demonstração última da existência do Criador a evidência de um universo perfeito e acabado em todos os seus detalhes; noutras palavras, exigem ver *imediatamente* o outro lado da tapeçaria.

No entanto, criar assim seria muito fácil e não crer seria impossível. E esse é o grande mistério a permear todo o universo material em que nos encontramos. Por que não estamos contemplando essa grandiosa tapeçaria concluída, produzida num só golpe por um artista de poder inigualável? Por que a necessidade de vislumbrá-la por meio de linhas e fios? Para muitos, a resposta que costuma ser dada parece pouco convincente; não obstante, penso ser a correta. Da perspectiva do fiel, ela poderia ser formulada assim: a essa tapeçaria já arrematada e que surgiria de um só golpe por obra do artista faltaria algo; de fato, faltar-lhe-ia o mais importante, aquilo que é realmente grandioso e inconcebível à mente humana. A essa tapeçaria, faltaria ter-se feito *a si mesma*, mediante a ação de linhas que se teriam procurado às cegas, sem saber que cena deveriam compor; sem saber sequer que do outro lado havia uma cena, mas que ainda assim, por caminhos sujos, imperfeitos e cheios de contingências, estiveram desenhando esse quadro incrível.

A relevância disso é clara, pois, de todas as qualidades de que careceria essa tapeçaria *perfeita*, há uma realmente especial, única: a existência de linhas que tomaram consciência do que estava acontecendo e se perguntaram, pela primeira vez, se haveria alguma coisa do outro lado. Uns fiozinhos chegaram a desenvolver uma mente especial, e essa mente se converteu em autoconsciência e espiritualidade, chamando-se a si mesma de alma. Esses são os fios que, pela primeira vez na história do cosmos, compreenderam algumas das regras que governam a formação das linhas e tentaram entrelaçar estruturas mais belas, contribuindo – muitas vezes sem saber – para a formação do quadro final do outro lado da tapeçaria.

No final das contas, isso é tudo o que poderemos contemplar deste lado. Para alguns, parecerá pouco; para mim, no entanto, parece mais do que o suficiente. Se tudo não passasse de puro acaso, não haveria tapeçaria nem fios, mas apenas linhas disformes movendo-se sem parar a fim de formar um emaranhado sem sentido – linhas cuja própria existência resultaria inexplicável. Num mundo assim seria impossível qualquer tipo de ciência. No entanto, nós podemos fazer ciência, e o que ela nos mostra é precisamente a existência de linhas que se movem de acordo com determinada lógica, determinadas regras, junto a uma indeterminação repleta de acontecimentos inesperados que chamamos *casualidades*. Esses movimentos dão lugar a bordados de diversas formas e tamanhos; alguns muito belos e sofisticados, outros mais feios e gastos.

A essa altura, cabe a cada um de nós decidir. O fiel precisa dar o salto derradeiro da fé, rumo à *convicção* de que do outro lado está se formando uma imagem que dá sentido a esse emaranhado de fios. O cético, por sua vez, deve se satisfazer em contemplar esse lado renunciando a lhe dar significado algum, pois tampouco é capaz de explicar por que é assim. Em qualquer caso, chega-se a essa decisão por caminhos muito diversos, nenhum dos quais, porém, tem nada a ver com a ciência, quanto mais com a evolução.

Gostaria de concluir, portanto, retomando o mote do capítulo inicial. Para essa maioria de fiéis cuja fé num Deus criador e providente é incompatível com a autonomia do processo evolutivo, espero que estas reflexões se façam úteis e os levem a repensar o modo divino de agir no contexto de um universo que continua avançando em direção a um futuro cheio de promessas.

Outros fiéis afirmam não encontrar problema algum em aceitar a evolução: se Deus é a causa de tudo, pensam, também será a causa das mutações genéticas e das mudanças ambientais que orientaram os processos evolutivos. Essa parece ser uma solução fácil, mas na verdade costuma esconder uma grande contradição. Se «ser causa de tudo» é entendido como a causa *eficiente*, isto é, o princípio que produz diretamente um efeito, então Deus seria também a causa de cada morte, de cada desastre natural, de todo mal. Se Deus é a causa eficiente das mutações que tornaram a evolução possível, também é responsável direto por cada criança que nasce com uma doença genética. Não: esse modo de *ser causa* é o que corresponde precisamente à natureza, que age de acordo com sua própria lógica.

O modo de *ser causa* de Deus deve, portanto, estar num plano totalmente distinto e que nos resulta incompreensível – e é lógico que seja assim. Somente nesse plano podemos afirmar que Ele é a causa de tudo, que *intervém* constantemente no mundo e em nossas vidas. Se entendemos bem isso, não há cabimento questionar se uma mutação (talvez uma daquelas que tornaram o aparecimento da mente humana possível) foi causada *diretamente* por Ele. O razoável é aceitar que essa mutação consiste no resultado direto de processos naturais governados por suas dinâmicas mesmas, repletas como são de indeterminação e de acasos. Essa aceitação nos permitirá vislumbrar a autêntica ação criadora do Deus que sustenta tudo, que está *por trás* de tudo, o Deus que contempla o outro lado da tapeçaria e sorri ao comprovar que, por caminhos e trajetórias inverossímeis, seu Amor vai tomando forma.

Direção geral
Renata Ferlin Sugai

Direção editorial
Hugo Langone

Produção editorial
Gabriela Haeitmann
Juliana Amato
Ronaldo Vasconcelos
Daniel Araújo

Capa
Bruno Ortega

Diagramação
Sérgio Ramalho

ESTE LIVRO ACABOU DE SE IMPRIMIR
A 13 DE MAIO DE 2023,
EM PAPEL POLÉN BOLD 90 g/m².